KB240746

빛깔있는 책들 301-36

한국의 갯벌

글, 사진/홍재상

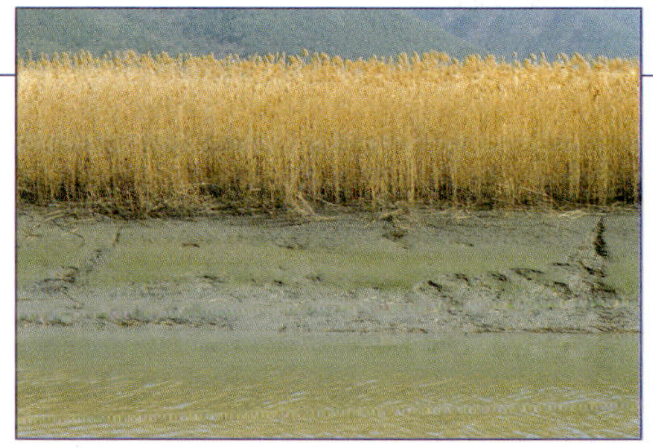

대원사

홍재상 ─────────────────

1951년 제주 출생. 해양 저서생물 생태학을 전공하였으며 현재 인하대학교 해양학과 교수로 재직하고 있다. 1980년 프랑스 엑스-마르세이유 제II대학 해양환경대학원에서 해양학 박사학위를 취득한 후 한국해양연구소 해양생물연구실장을 거쳐 1984년 미국 플로리다 주립대학, 1995년 북캐롤라이나 주립대학 등지에서 객원 교수를 역임하였다. 『해양생물학:저서생물』 등의 저서와 『바다, 그 환경과 생물』, 『해양생물의 화학적 신호』 등의 번역서가 있다. 해양 환경의 변화가 해양 저서생물 군집에 미치는 영향과 한반도 주변 해역의 생물 다양성에 관한 연구 논문이 다수 있으며, 특히 최근 10여 년 동안 갯벌의 생태학적 연구를 수행하고 있다.

한국의 갯벌

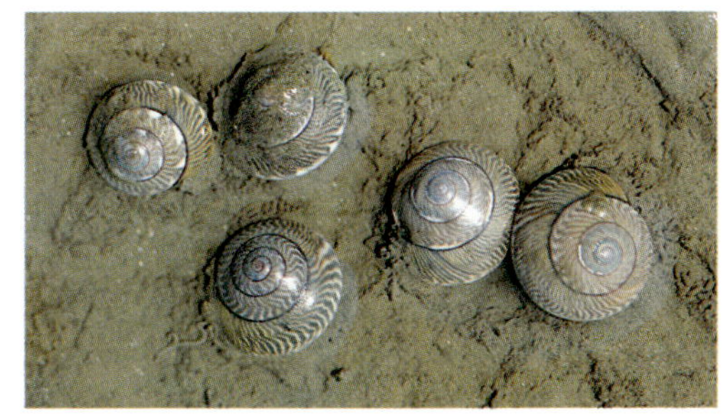

한국의 갯벌

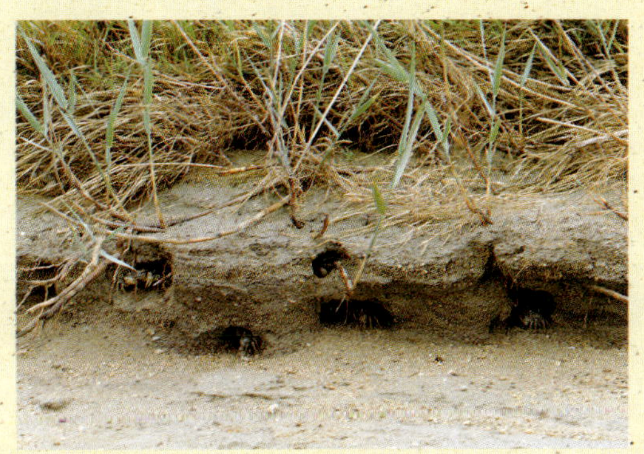

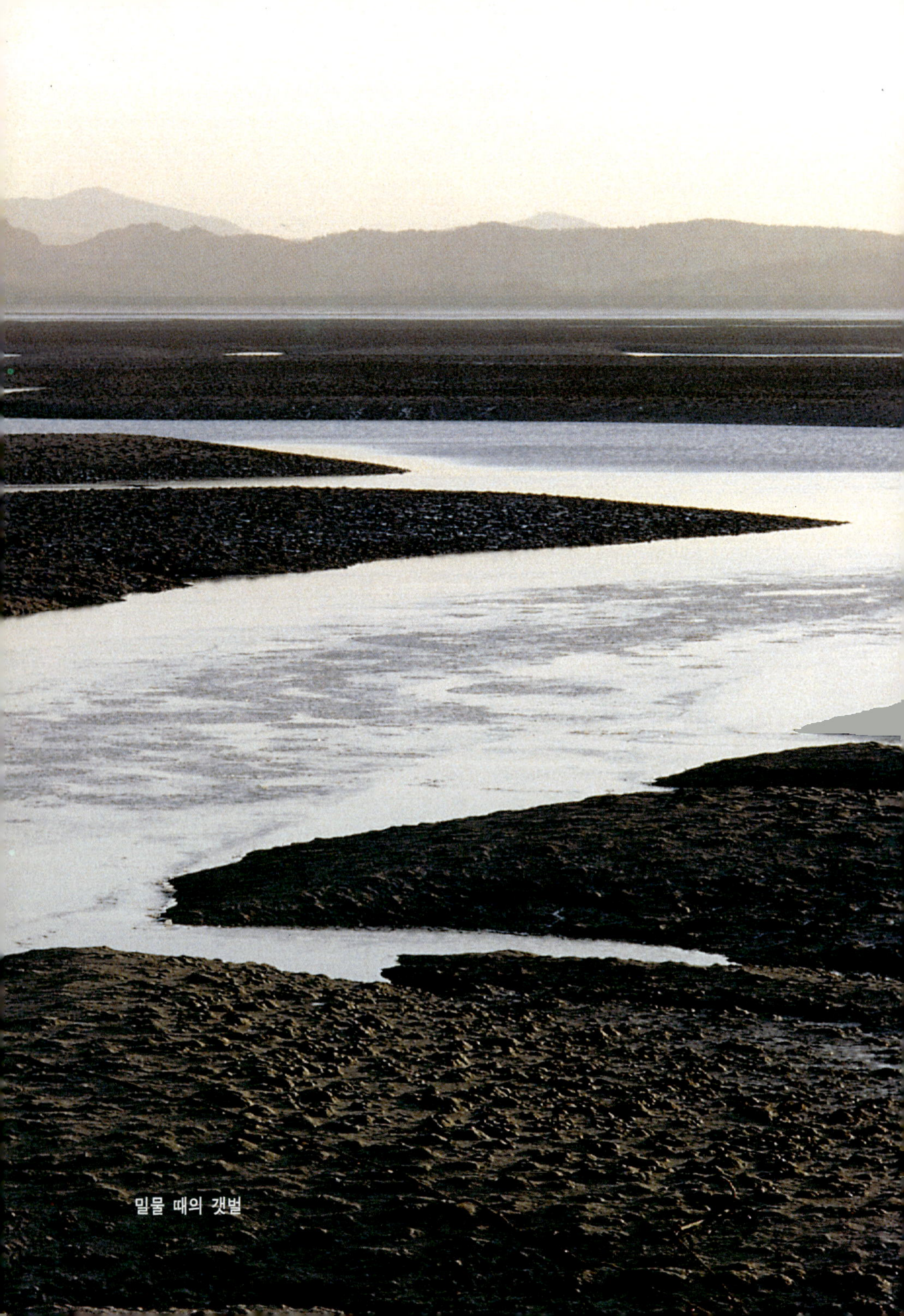

밀물 때의 갯벌

귀중한 자연 유산, 갯벌

갯벌(tidal flat)은 주인 없이 버려져 있는 쓸모없는 땅이 아니라 오랜 세월 동안 바다를 풍요롭게 가꾸어 온 우리의 산하요, 우리 강토의 한 부분이다. 바로 조상으로부터 물려받은 우리의 귀중한 자연 유산이다.

예로부터 우리나라의 갯벌은 김이나 백합, 바시락 등이 생산되는 매우 중요한 어업의 장(場)을 제공하여 왔다. 최근에는 수많은 생물들이 살아가는 서식처이자 주변 연안 해역을 깨끗하게 지켜 주는 정화조로서 그 중요성이 더욱 부각되고 있으며 철새들이 도래하고 생활하는 장소로서의 역할도 중요시되고 있다. 특히 철새들은 자연 환경의 보존 상태를 알리는 일종의 지시자(指示者)의 역할을 하고 있어 이들의 서식이나 이동 상황이 많은 관심을 불러일으키고 있다.

그러나 1980년대 후반에 들어서면서 이른바 '서해안 개발'이라는 명분 아래 갯벌을 매립하여 공장을 짓고 도시를 건설하고 하구에 둑을 만드는 등 무분별한 개발 행위가 이루어졌다. 그로 인해 갯벌 생물들의 서식처가 파괴되고 오염되어 한반도 주변 연안 생태계 중에서 인위적 간섭을 가장 많이 받는 곳이 되어 버린 지 오래이다. 또한 도시의 하수구로 전락한 하천으로부터 생활 하수나 공장 폐수 등이 유입되어 주변 생물들이 대량으로 폐사하는 사태가 벌어지고 있다.

하지만 이런 열악한 환경 속에서도 바닷물이 드나드는 곳인 조간대 갯벌에서 생활하는 생물들은 생각보다 매우 다양하다. 갯벌은 겉으로는 색다른 것이 없어 보이지만 개펄 위나 그 속에 각종 생물들이 나름대로의 생존 전략을 가지고 엄청난 밀도의 생물체를 부양하고 있다. 갯벌에서는 그 환경을 결정짓는 퇴적물의 성질, 특히 모래나 개펄을 구성하는 알갱이의 크기가 다르면 거기에 정착하는 생물의 종류도 달라진다.

이 책은 우리나라의 대표적인 해양 생태계 가운데 하나인 갯벌을 생활의 터전으로 삼고 살아가는 다양한 생물들과 그들을 둘러싼 여러 가지 환경 조건을 관찰하고 이해하기 위한 입문서이다. 따라서 이 책을 통해 갯벌이 어떻게 형성되고 발달하며 인간과 갯벌 사이에는 어떤 관

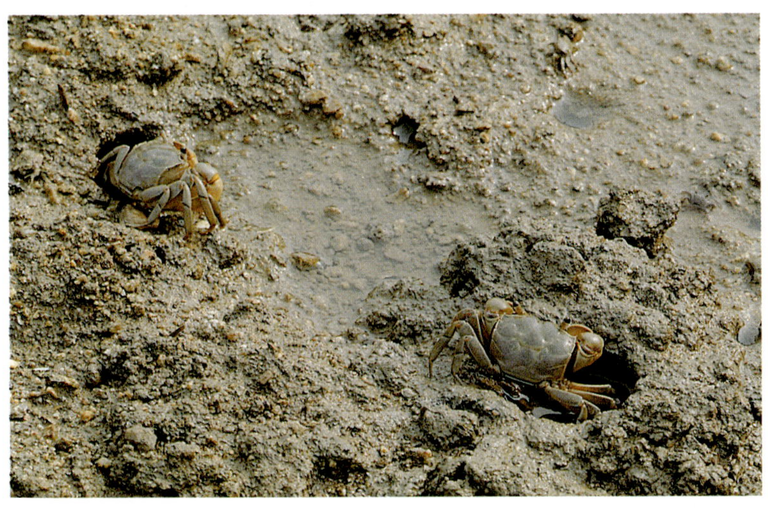

방게의 나들이 갈대밭의 모래펄에 사는 방게는 땅굴을 파고 갱도 속으로 도피하여 생활한다. 방게의 굴착 활동은 갈대숲의 생태적인 물질 순환에 중요한 의미가 있다.

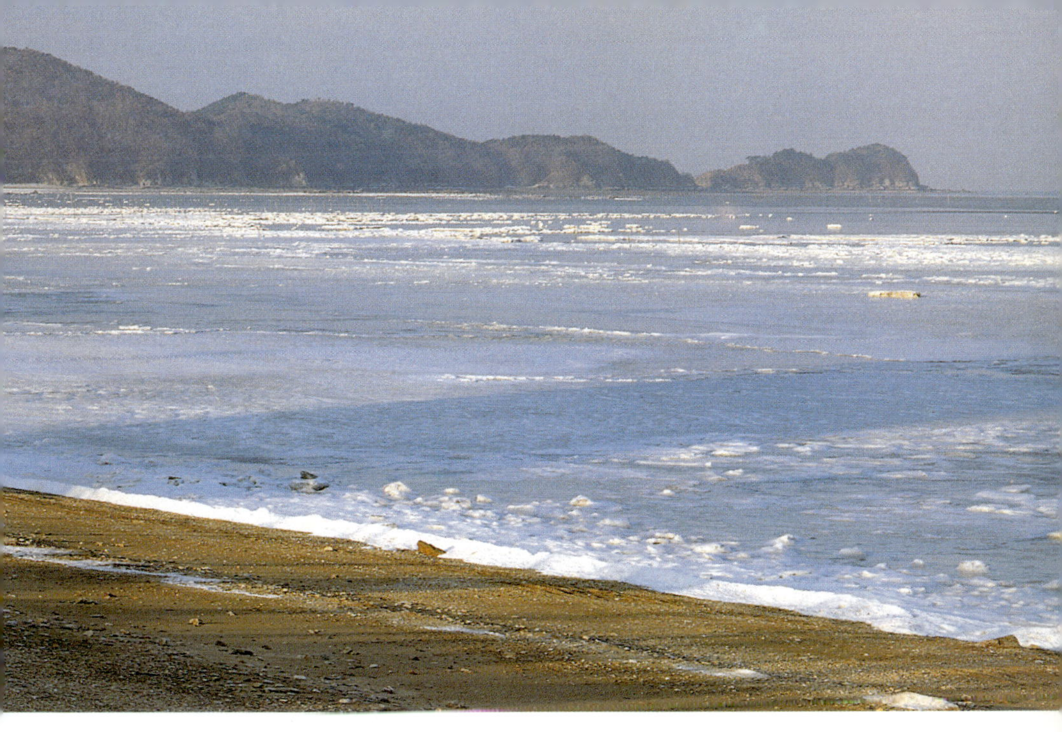

얼음 덮인 대부도 갯벌 영하의 날씨가 계속되면 마치 남극을 연상케 하는 혹독한 갯벌 환경이 연출되고 표생동물의 폐사가 나타난다.

계가 있는지를 이해하기 바란다. 그리고 갯벌을 왜 보존하여야 하며, 어떠한 방법으로 지켜야 하는지에 대해 더욱 많은 사람들이 관심을 갖게 되기를 바란다.

한편 갯벌의 가치와 중요성이 각종 매체를 통해 일반 대중에게 알려지면서 항상 문제가 되는 것이 바로 갯벌과 관련한 용어들의 혼용에서 오는 혼란이다. 흔하게 쓰는 용어로는 갯벌, 갯뻘, 개펄, 펄(泥), 뻘, 간석지(干潟地), 간사지(干砂地) 등이 있다. 대부분의 사람들이 몇 가지 용어들을 무분별하게 사용하고 있는데 사실은 이 모두가 다른 뜻을 포함하고 있기 때문에 주의하여야 한다.

우선 갯벌의 사전적 의미를 정리하여 보면 '조수가 드나드는 바닷가나 강가의 모래 또는 개펄로 된 넓고 평평하게 생긴 땅'이라는 뜻이다.

또 한자 본래의 뜻이나 여러 사전에 나오는 단어들의 의미를 종합하여 볼 때 조간대의 개펄 벌판은 펄갯벌이나 펄 석(潟)자를 쓰는 간석지라고 하고 모래 벌판은 모래갯벌이나 모래 사(砂)자를 쓰는 간사지로 구분하여 정의하는 것이 좋다. 이때 개펄은 갯가의 개흙 땅 또는 진흙 땅이라는 뜻이고 펄은 개펄의 준말이다. 어떤 사전에서는 개뻘, 갯뻘, 간석지를 동의어로 보기도 하는데 뻘은 펄이 경음화된 것이어서 표준말이 아니고 그 의미도 서로 다르기 때문에 개펄 또는 갯벌로 써야 한다.

조간대/조하대 바닷가에서 조수가 드나드는 곳을 조간대(潮間帶)라 하고 그 바로 윗부분을 조상대(潮上帶), 그 아래 지역을 조하대(潮下帶)라 한다.
간석지/간사지 갯벌을 간석지로 이해하는 사람이 많으나 엄밀히 말하면 간석지(干潟地)는 개펄갯벌(또는 펄갯벌)이고 간사지(干砂地)는 모래갯벌을 말한다.

갯벌의 자연 환경

갯벌이란 말 그대로 '갯가의 넓고 평평하게 생긴 땅'이다. 그러나 일반적으로는 조류(潮流, 潮汐流)로 운반되는 미사(silt)나 점토(clay) 등의 미세 입자가 파랑(波浪)의 작용을 적게 받는, 즉 파도가 잔잔한 해안에 오랫동안 쌓여 생기는 평탄한 지형을 말한다. 이러한 지역은 만조 때에는 물 속에 잠기나 간조 때에는 공기 중에 노출되는 것이 특징이며 퇴적 물질이 운반되어 점점 위로 쌓이게 된다. 따라서 오랜 시간이 경과하면서 그 지면도 높아진다.

오래 전에는 밀물 때가 되면 물 속에 잠기던 곳이었으나 점점 시간이 흐르면서 지면이 높아져 만조 때에만 잠기게 된다. 또 갯벌이 공기 중에 노출되는 시간이 길어지는 상부 쪽에는 염생식물(鹽生植物)이 정착하기 시작한다. 결국에는 염습지(鹽濕池) 식생의 시기를 거쳐 육상의 해안림으로 바뀌는 생태학적인 천이(遷移) 과정을 거치게 된다.

갯벌이 형성되려면 후미나 내만(內灣)으로 어느 정도 폐쇄되어 해안을 침식하는 파랑의 작용이 약해야 하고 유입 하천에 의한 토사의 퇴적 작용이 있어야 한다. 또 간조 때 노출되는 평평한 부분이 넓게 펼쳐지려면 조차가 커야 하며 모래나 펄이 쌓이기 위한 오랜 시간이 필요하다.

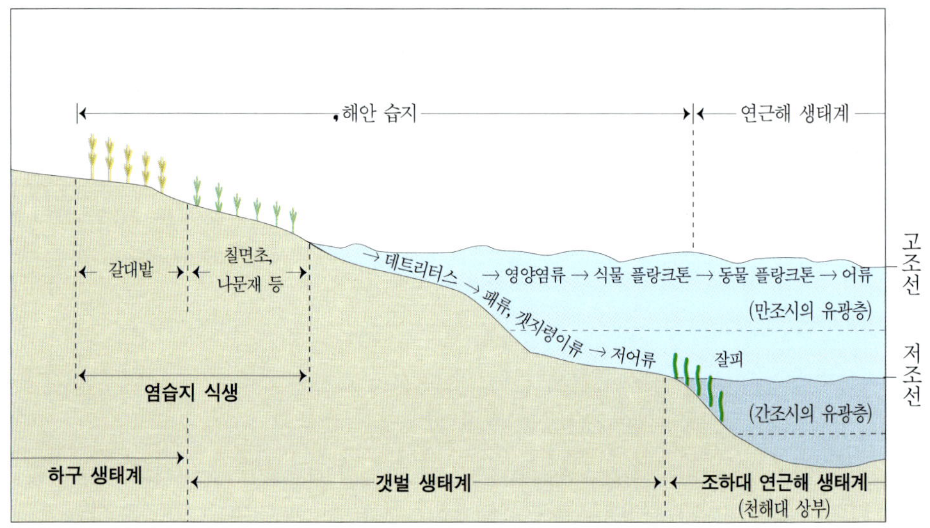

갯벌 주변 생태계의 모식도

    강과 바다가 만나는 곳에서는 규모의 크고 작음은 있어도 반드시 갯벌이 나타나는 것으로 보아 하천은 갯벌이 형성되기 위한 중요한 조건이다. 유입 하천은 토사를 운반할 뿐만 아니라 풍부한 영양염류나 기타 해산동물(海産動物)의 먹이가 되는 유기 쇄설물(有機碎屑物)을 육상으로부터 간석지에 공급한다는 측면에서 매우 중요한 역할을 수행한다. 따라서 갯벌은 흔히 큰 강과 연결되는 중조차 또는 대조차 해안의 하구역이나 내만, 석호(潟湖) 등의 반폐쇄적인 환경에 잘 발달한다.

갯벌 주변의 해안 지형

    갯벌과 연결되어 있는 해안 지형에는 염습지 식생, 석호, 하도가 있다. 염습지 식생은 만조 때 해면과 육지와의 경계선인 고조선보다 다소 위쪽에 위치하나 조석(潮汐)에 따라 해수의 출입이 있을 수 있는 장소이다. 특히 해안에서는 염분을 포함한 염습지 식생을 형성하여 독특한 동물과 식물 군집이 분포한다. 염습지의 주변에는 갈대밭이 벌판을 이룰 정도로 잘 발달하고 그 사이의 밑바닥은 펄로 되어 있는데 이런 곳을 감조니질지(感潮泥質地)라고 한다.

우리나라에서는 염습지 식생의 대부분이 매립과 간척으로 거의 파괴되어 사라지고 있으나 미국의 염습지 식생은 대단히 광대하며 이에 대한 조사와 연구도 잘 되어 있다. 대표적으로 북캐롤라이나의 케이프 하테라스(Cape Hatteras)에서 플로리다 반도를 거쳐 루이지애나에 이르기까지 엄청난 규모의 초원을 형성하면서 발달한 스파르티나(Spartina) 염습지 식생이 유명하다.

그 다음으로 특징적인 갯벌 주변의 지형에는 석호가 있다. 석호는 해안선이나 하구에서는 분리되어 있지만 만조 때가 되면 해수가 유입되고 간조 때에는 해수가 잔류함으로써 항상 염분을 포함하고 있는 호수이다. 우리나라에서는 강릉의 경포호, 속초의 청초호와 영랑호 등이 대표적이며 주로 동해안에 많다. 이들은 후빙기에 해면이 상승하여 해안이 침수됨에 따라 하곡(河谷)을 중심으로 낮은 곳이 만입(灣入)되고 그 입구가 사취(砂嘴)나 사주(砂洲)로 가로막혀 발달하게 되었다.

동해안의 석호는 일반적으로 매우 작은 하천의 하류에 나타나며 대부분 사주에 의해 바다로부터 거의 격리된 담수호에 가깝다. 작은 하천은 토사의 운반량이 적기 때문에 석호가 빨리 메워지지 않고 오랫동안 유지되는 반면 큰 하천의 하류에는 토사 공급이 많아 석호가 생길 수 없다.

또한 갯벌에 나가 보면 유역 분지의 지표수가 바다로 흘러내리는 하도가 있는데 조석에 의해 바닷물이 드나드는 갯골의 형태로 나타난다.

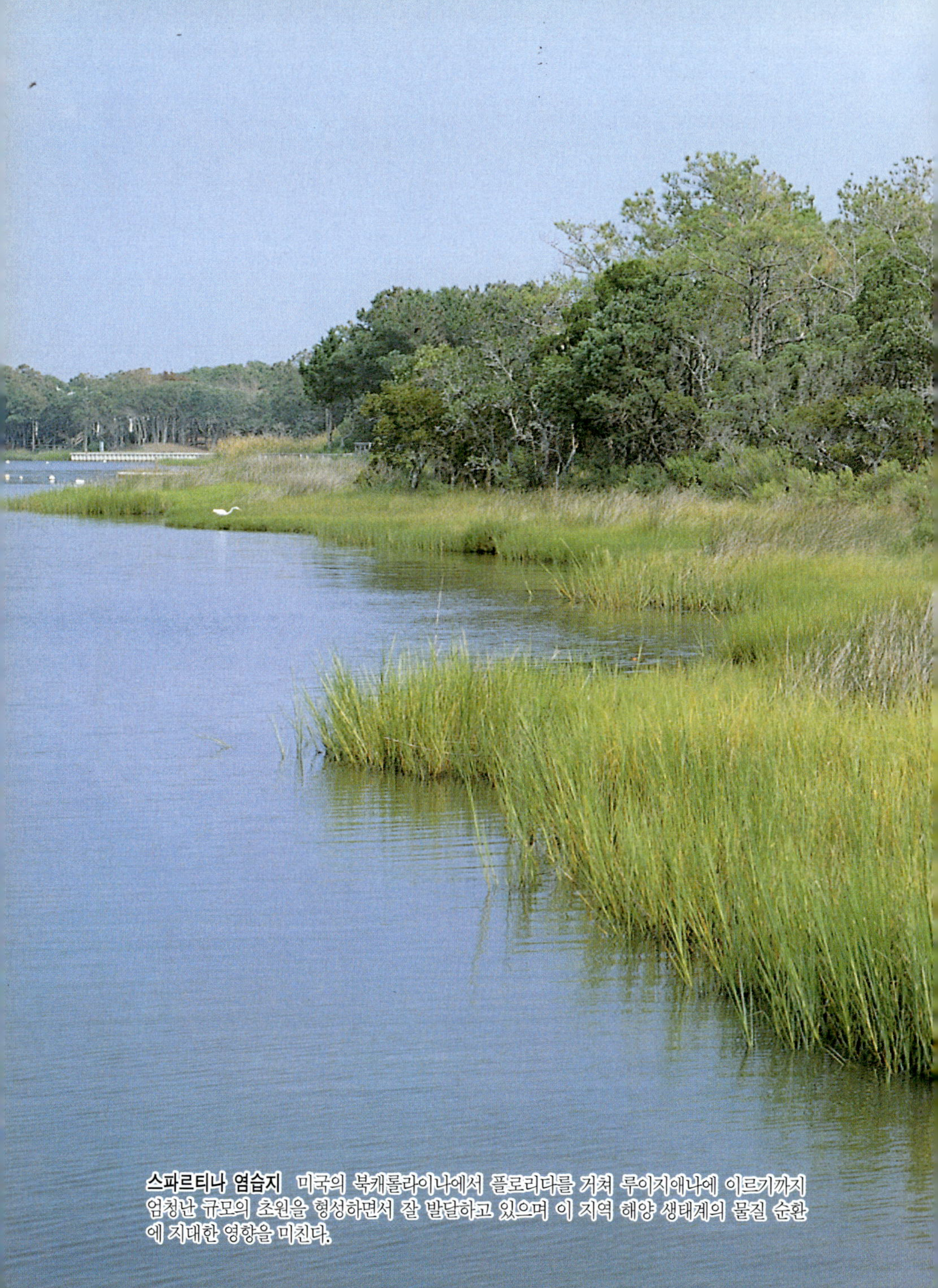

스파르티나 염습지 미국의 북캐롤라이나에서 플로리다를 거쳐 루이지애나에 이르기까지 엄청난 규모의 초원을 형성하면서 잘 발달하고 있으며 이 지역 해양 생태계의 물질 순환에 지대한 영향을 미친다.

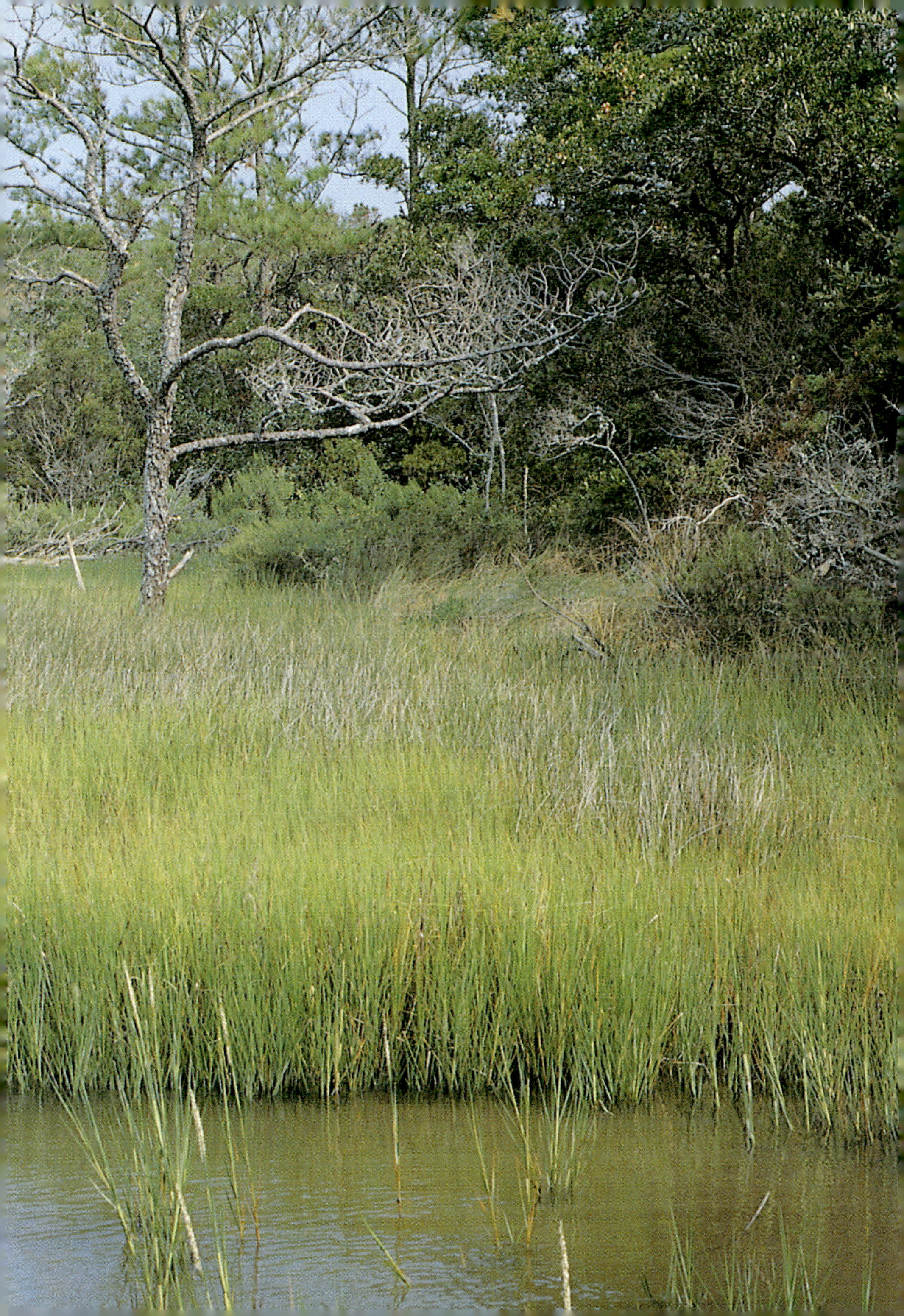

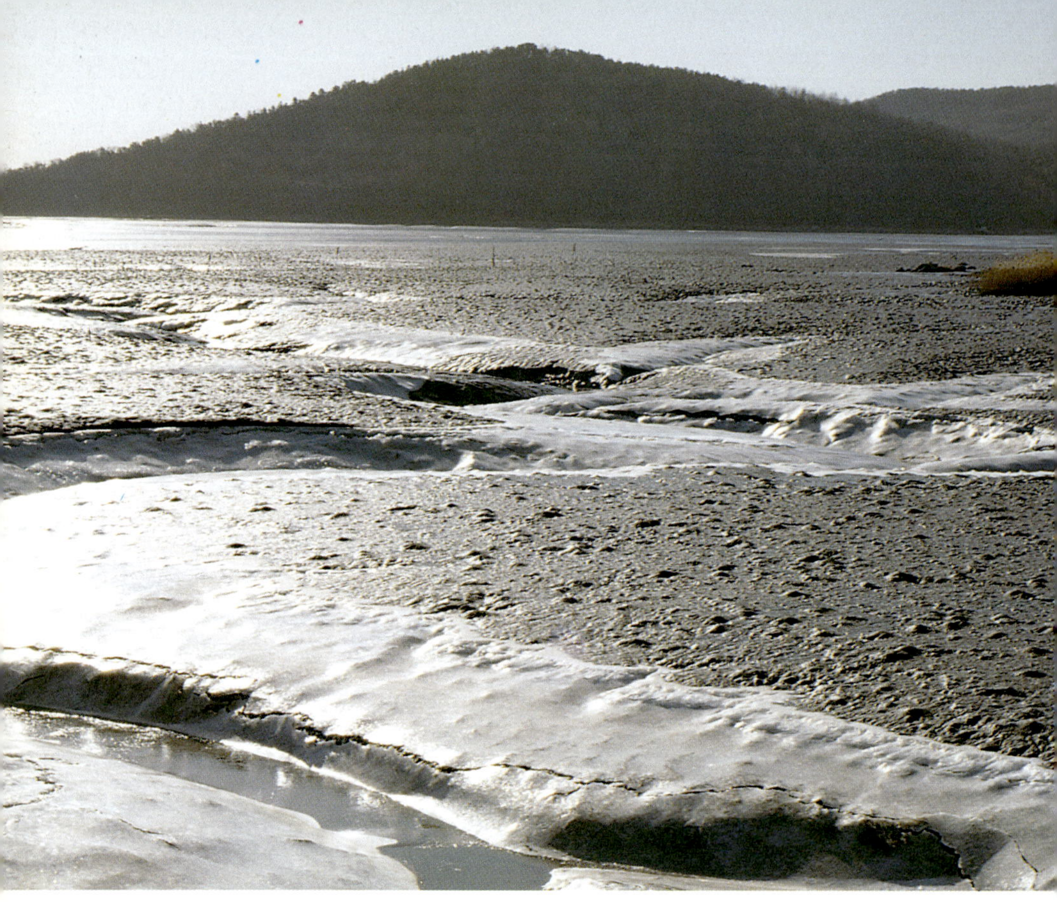

간조 때의 갯골 원래 유역 분지의 지표수가 유출되는 통로인 갯골로 간조 때에는 조석에 의해 바닷물이 멀리까지 드나든다. 그래서 어류, 새우류 등의 이동 통로가 되기도 한다.

갯골은 다시 조류로(tidal channel)와 조류세곡(tidal creek)으로 나뉘는데 그 규모가 배의 통로로 이용되는 큰 것에서부터 해수가 흐르기만 하는 작은 것까지 여러 가지가 있다. 이 조수로는 조석에 따라 이동하는 어류나 새우류 등의 통로가 되기도 한다.

해안 지형은 다시 크게 전빈(前浜)과 후빈(後浜)으로 구분된다. 전빈은 바다에 면한 고조선과 저조선 사이를 지칭하며 우리나라 서해의 광대한 갯벌이 여기에 해당된다. 후빈은 고조선보다 상부의 지역을 가리키고 광대한 모래 언덕〔砂丘〕이 발달하는 곳도 있다.

또한 갯벌은 얼핏 보면 평탄한 것 같지만 자세히 들여다보면 그 표면에 물결 자국〔연흔(漣痕)〕의 요철이 있는 곳도 많다. 어느 정도 높은 부분을 마루, 낮은 부분을 골이라 하여 구별하는데 이것은 파랑이나 조류의 작용으로 형성된다.

우리나라에서는 이제 인위적인 영향을 별로 받지 않은 자연 그대로의 갯벌이 잔존하는 곳을 찾아보기가 매우 힘들다. 대부분 고조선 부근에 호안(護岸)을 위한 제방을 만들어 아직도 양쪽으로 갈대숲을 볼 수도 있지만 이것은 연결되었던 드넓은 갈대 벌판을 분리시켜 놓은 것이다.

조석의 역할

갯벌의 환경 조건을 특징짓고 매우 복잡하게 만드는 것은 바로 조석이다. 지구에 대한 태양과 달의 인력으로 발생하는 해면의 규칙적인 승강 운동을 조석이라고 하는데 조차가 큰 우리나라의 서해안에서는 만조와 간조가 대체로 하루에 두 번씩 12시간 25분 간격으로 일어난다. 지구와 태양과 달이 일직선에 놓이는 보름과 그믐 직후에는 조차가 큰 사리〔大潮〕가 나타나고, 반대로 태양과 달이 지구에 대해 직각으로 놓이는 반월 직후에는 조차가 적은 조금〔小潮〕이 나타난다.

조석은 달의 인력과 지구의 원심력이 서로 작용하여 생긴다. 지구에서 달에 가장 가까운 곳에서는 달의 인력이 크므로 해면이 솟아올라 만조가 되고 그 반대쪽도 인력이 원심력보다 약하므로 역시 해면이 올라와 만조가 된다. 만조가 되는 부분에서 90도 떨어진 곳에서는 반대로 해수가 눌려 내려가 간조가 된다.

조석은 기상 상태의 영향도 많이 받는다. 육지로 부는 해풍은 해안의 해면을 높이며 바다로 부는 육풍은 이를 낮춘다. 가끔씩 폭풍우를 동반하는 여름철 태풍은 해면을 높이면서 해안 지방에 해일(海溢)을 일으키기도 한다. 특히 조차가 큰 해안에서 해일이 대조와 겹칠 때에는 해안의 저지대가 바닷물로 덮여 심각한 염해(鹽害)를 입을 수도 있다.

조수 간만의 정도는 위도와 바다의 수심, 해안선의 윤곽 등 그 장소의 지형에 따라서 달라진다. 심해(深海)의 조차는 작으나 수심이 얕은 대륙붕을 지나 해안으로 밀려오면 조차가 커진다. 우리나라 동해안에서는 대조 때도 만조와 간조의 조차가 30센티미터에 불과하고 남해안도 1, 2미터 정도이다. 그래서 동해안은 남해안이나 서해안에 비해 갯벌이 잘 발달되지 않았지만 서해안은 전세계에서 매우 큰 조차를 가지는 대조차 환경이다.

서해는 북으로 갈수록 조차가 커지는데 이는 황해가 좁고 수심이 얕으며 해안선의 출입이 심하고 긴 만(灣)이라는 지형적 특성과 관계가 있다. 달과 태양이 끌어당기는 힘에 의해 황해로 끌려들어 온 물은 복잡한 해안선을 따라 북으로 올라가다가 수심이 얕은 북쪽에 막혀 밀리고 결국 높이가 올라가며 그 정도는 북으로 갈수록 심해진다.

조수가 오르내릴 때는 바닷물의 수평 운동인 조류가 발생한다. 좁은 만이나 해협에서는 왕복성 조류가 흐르는데 들어오는 것을 밀물 또는 창조류(漲潮流)라 하고 나가는 것을 썰물 또는 낙조류(落潮流)라고 한다. 이러한 조류는 조차가 클수록 빨리 흐르며 좁은 해협이나 수로를 통과할 때는 유속이 매우 빨라진다. 조류는 토사를 운반하여 퇴적시킬 뿐만 아니라 침식하기도 하여 해안 지형의 발달이나 변화에 큰 영향을 미친다.

강의 하구에서도 만조 때에 조수가 올라와 조석이 생긴다. 특히 조차가 큰 해안에서는 밀물이 하천을 거슬러 올라가는데 이러한 현상을 해소(海嘯)라고 한다. 밀물의 수면은 하천의 수면보다 높으며 조수가 올

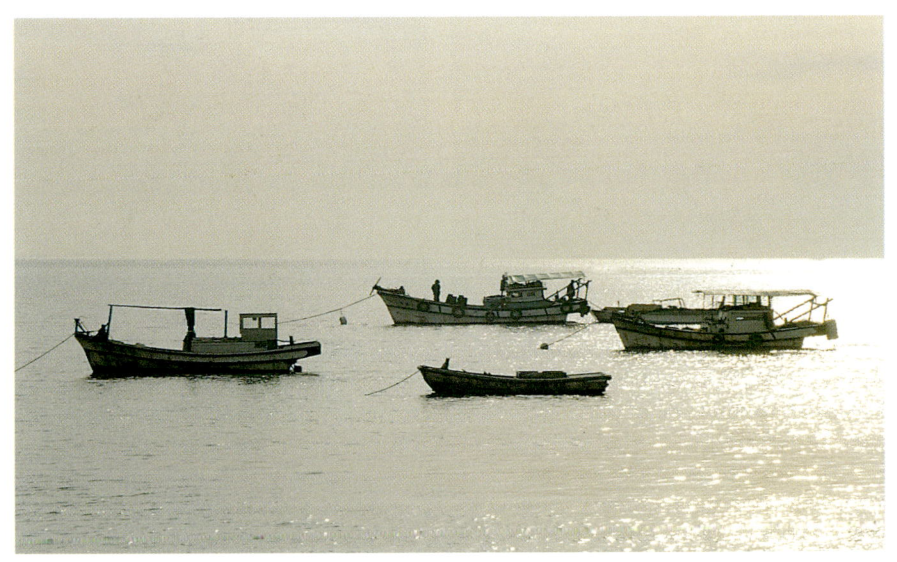

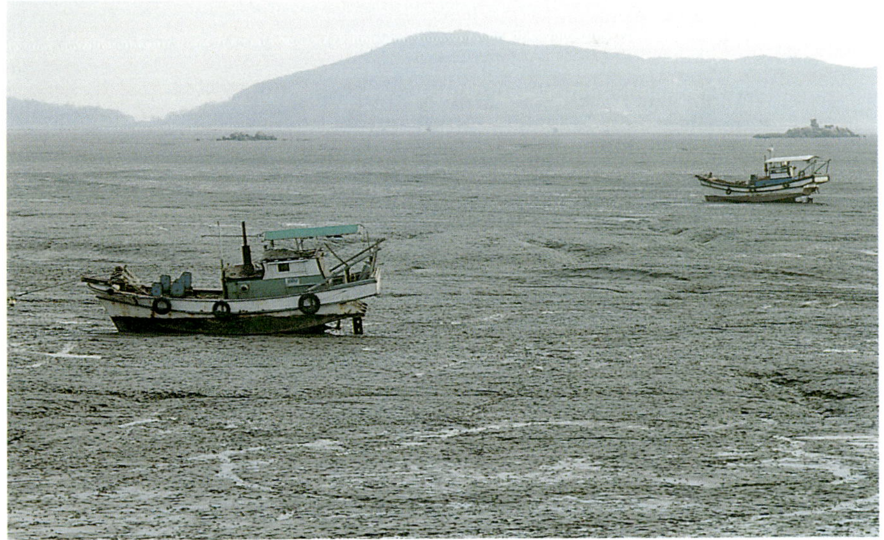

만조와 간조　조차가 큰 우리나라 서해안에서는 만조(위)와 간조(아래)가 대체로 하루에 두 번씩 12시간 25분 간격으로 일어난다.

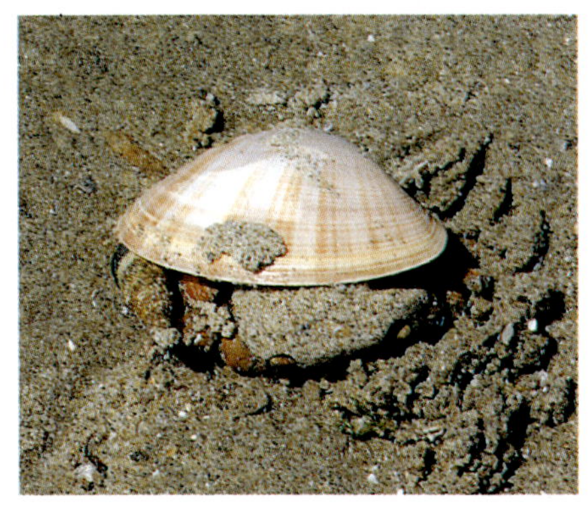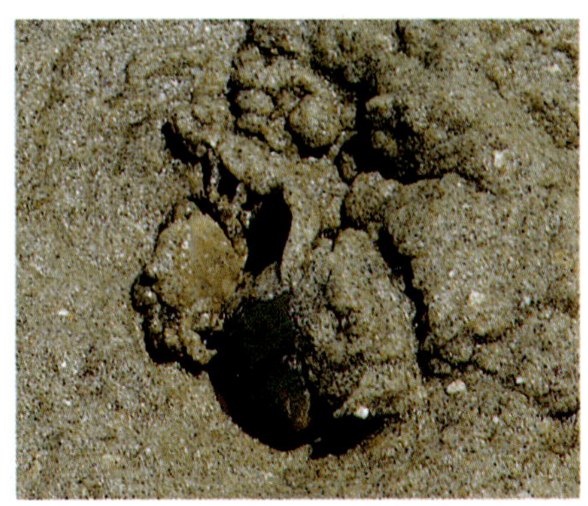

갯벌 생물의 건조 적응 댕가리와 게가 어렵게 빈 조가비를 찾아내고는 그 속으로 숨고 있다(왼쪽). 그나마 아무것도 찾지 못한 게와 민칭이는 그냥 모래 속을 파고 들어가 있다가 다음 밀물 때를 기다려야 한다. (오른쪽)

라가는 범위는 그 지역의 조차에 따라 다르다.

우리나라의 서해로 유입되는 하천에서는 밀물 때 밀려오는 물이 마치 갑작스런 홍수를 연상케 하기도 한다. 한강에서는 밀물이 강물의 유출을 가로막아 수위를 하루에 두 번씩 규칙적으로 오르내리게 하며, 행주대교 부근의 신곡 수중보(水中洑)가 생기기 전에는 강물이 역류하여 난지도까지 올라왔다고 한다. 이와 같이 조석의 영향을 심하게 받는 하천을 감조하천(感潮河川)이라고 한다.

또한 이른봄에 여의도 앞이나 때로는 잠실 주변에서 기수성(汽水性)인 참갯지렁이가 생식을 위하여 군영(群泳)하는 것을 관찰할 수 있는데 이는 아직도 강화도로부터 50~65킬로미터에 이르는 서울의 한복판까지 신곡 수중보를 넘어 바닷물이 드나들고 있음을 보여 준다. 금강에서도 하구 둑이 축조되기 전에는 거의 부여의 규암까지, 낙동강은 삼랑진까지 역류 현상을 보였다고 한다. 그러나 조수 간만의 차는 상류로 갈수록 작아진다.

한편 조석에 의한 노출은 갯벌 생물의 분포에 결정적인 영향을 미친다. 강 어귀의 갯벌에 주로 서식하는 우리나라의 대표적인 게 종류에는 방게나 넓적콩게가 있다. 이들은 조수가 빠진 간조 때에 먹이 섭취 활동을 하지만 엽낭게나 칠게는 썰물의 정선(汀線) 경계에서만 활발하게 활동한다. 이들을 실험실로 가져와 조석이 없는 수조에 넣어 놓아도 채집한 장소의 조석 리듬에 맞추어서 변함없이 먹이 섭취 활동이나 구멍 파기를 할 정도이다.

갯벌 환경에서는 고조선에 가까울수록 조수가 빠져 공기 중에 노출되는 시간이 길기 때문에 바다 생물에게는 대단히 냉엄한 생활의 장으로 바뀌며 건조나 강우, 여름철 고온과 겨울철 저온에 견딜 수 있는 생물만이 정착할 수 있다. 고조선부터 저조선에 이르기까지 노출 시간이 차츰 변하기 때문에 조간대 생물들은 그에 대한 내성에 따라 단계적으로 분포하여 이른바 띠 모양 분포[帶狀構造]를 만들게 된다.

경사가 급한 암초 해안에시는 수직 암반의 표면에 특성 생붇이 띠 모양으로 분포하는 것을 보다 분명하게 볼 수 있다. 그러나 갯벌에서는 밑바닥이 매우 평탄하여 암반 해안에서처럼 명료하게 알아보기는 쉽지 않다. 일직선으로 정선을 정하여 고조선 상부의 갈대밭 부근에서 앞바다의 저조선을 향하여 걸어가면서 생물들을 관찰하여 보면 생물상이 조금씩 달라지는 것을 알 수 있다. 고조선 상부와 저조선 부근의 생물상만을 비교하여 보면 차이가 더욱 명료하게 드러난다.

퇴적 환경

갯벌뿐만 아니라 수심이 깊은 심해를 포함하여 해저에서 생활하는 모든 생물들을 통틀어 저서생물(底棲生物)이라 한다. 조수가 빠져 나

간 갯벌의 생물상은 주로 이 저서생물로 구성되며 그 생활 형태나 분포
는 밑바닥을 구성하는 모래나 펄의 성질에 지배를 받는다. 갯벌 생태계
를 포함하여 조간대 생태계에서 조위(潮位)가 생물의 분포 유형을 정
한다고 하면 밑바닥의 성질과 상태는 갯벌 생물의 분포를 결정짓는 데
있어서 2차적으로 중요한 요인이다.

갯벌에서 밑바닥(基底)의 성질을 나타내는 가장 중요한 것은 무기물
질인 모래나 펄을 구성하는 입자의 크기 곧 입도(粒度)와 그것의 조성
이다. 갯벌의 밑바닥을 구성하는 퇴적물 입자의 크기는 자갈처럼 큰 것
에서 점토처럼 작은 것에 이르기까지 여러 단계로 나뉜다. 크기별로 다
시 나누면 지름이 2밀리미터 이상인 자갈, 2~0.0625밀리미터인 모래,
0.0625~0.0039밀리미터인 미사(微砂), 0.0039밀리미터 이하인 점토
등으로 구분할 수 있다.

입자의 크기는 생물의 분포와 활동에 직간접으로 영향을 미친다. 모
래 알갱이 사이에는 간극동물(間隙動物)이라고 하는 좀 특별한 무리들
이 서식하며 주로 모래의 표면 등에 붙어 있는 규조류(硅藻類)나 유기
물을 먹고 사는 종류가 많다. 이들은 입자의 크기가 너무 작으면 생활
하는 공간이 없어지므로 거기서 생존할 수 없게 된다. 이들의 생존에
필요한 입자 크기의 한계는 약 0.2밀리미터이다.

또한 입자의 크기는 퇴적물 속에 매몰하여 생활하는 동물들에게 필
요한 산소의 공급량을 지배하는 요인이다. 입자가 미세하면 미세할수
록 간극이 좁아 물의 소통이 나빠져서 산소가 풍부한 만조 때 저층의
물이 속까지 미치지 못하기 때문이다. 따라서 점토처럼 퇴적물 알갱이
의 크기가 가장 작은 입자들로만 구성된 곳은 생물이 살아가는 데 불리
한 조건이 된다. 그러나 작은 입자는 상대적으로 표면적이 크기 때문에
박테리아와 같은 미생물이 착생할 수 있는 면적을 증대시켜 모래나 펄
속에 사는 동물들에게 풍부한 먹이를 공급하기도 한다. 비록 바닷물의

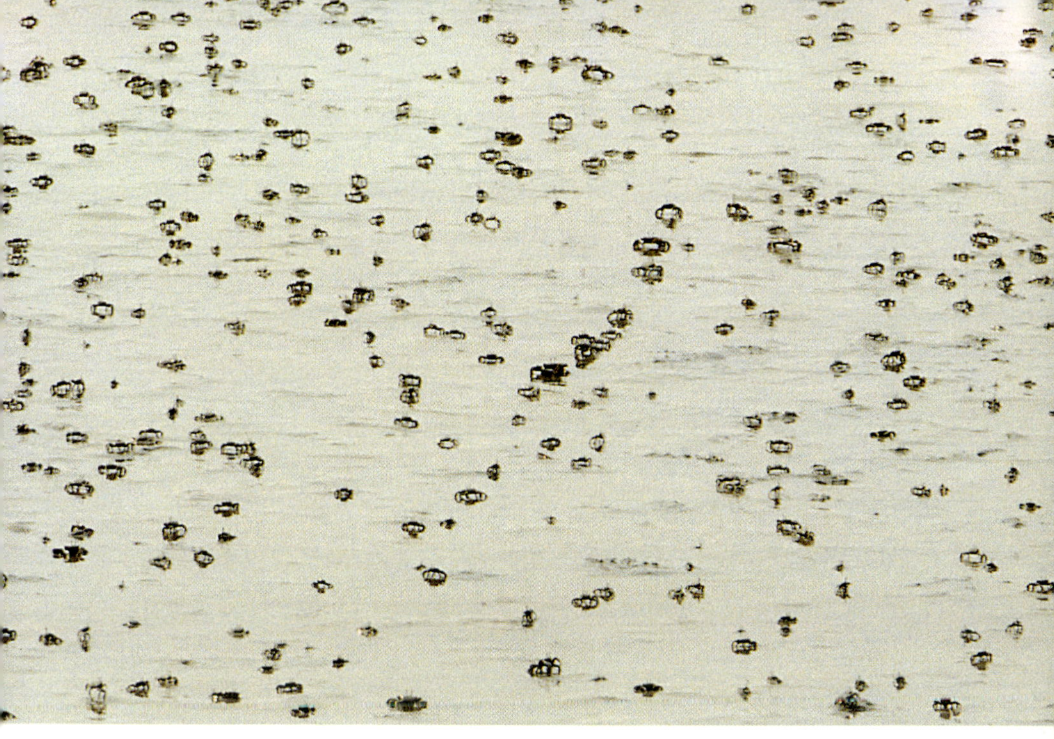

칠게들의 천국 펄갯벌의 상부 조간대에서 흔히 볼 수 있는 칠게는 땅굴을 파 놓고 구멍 기끼이에서 긴 눈자루가 딜린 눈을 세워 주위를 살피며 먹이를 먹는다. 사람이 접근하면 재빨리 굴 안으로 숨었다가 다시 구멍 속에서 눈만 내놓고 상황을 살핀다.

수직 투과율은 나쁘지만 갯벌의 많은 동물들이 진흙 속으로 땅굴을 파기 때문에 그것을 통해 해수가 침투하여 퇴적물 속 깊은 곳으로 산소를 공급한다. 이것이 바로 저서동물에 의한 생물교반(生物攪拌) 작용의 가장 중요한 생태학적인 의의이다.

생물교반의 의미

저서동물에 의한 퇴적물의 교란이나 교반을 생물교반이라 한다. 저서동물의 모든 행동은 크게 굴진, 잠행, 포복 등의 운동과 서식을 위한 굴착 활동 그리고 먹이 섭취와 배설 활동 등으로 구분할 수 있다. 이 세 가지 활동에 따른 저서동물의 생물교반은 각각의 유형과 생물의 크기, 활동 규모에 따라 해저 퇴적물에 미치는 영향이 달라진다.

우선 생물교반의 규모에 따라 저표(底表) 아래 수센티미터까지의 저질(底質)이 균일하게 된다. 이때 분립(糞粒)의 배출이나 재퇴적(再堆積)에 따라 저질 상층부의 함수율이 증가하면서 표층 퇴적물의 입자가 불안정하게 되어 조류에 의해 재부유(재현탁) 한다.

또 모래나 펄 바닥의 표층 퇴적물에 서관이나 땅굴이 만들어지면 그 것을 통한 저층수의 침입이 용이하게 된다. 더욱이 퇴적물 내에 사는 생물이 먹이를 섭취하거나 호흡을 위하여 행하는 능동적 펌프 작용도 퇴적물 내의 물의 순환과 교환을 촉진한다. 그 결과 퇴적물 내로 신선한 물에 의한 산소 공급이 원활해져 저서생물이 서식하지 않은 상태와 비교하여 산화층의 두께가 두꺼워지고 산화-환원 불연속층(Redox Potential Discontinuity layer, RPD)도 깊어져 저서동물의 서식 공간이 넓어진다.

저서동물의 퇴적물식(堆積物食)으로 체내에 흡수된 표층 퇴적물이나 저표 아래 펄 속의 유기물 중에서 유기 질소 화합물의 대부분은 소화, 흡수되지만 분해가 어려운 유기 화합물을 포함하는 모래나 펄 알갱이는 그대로 배설되어 분립이 된다. 분립이 동물의 체외로 배출되면 퇴적물 내의 빈틈〔孔隙〕을 크게 하여 물의 소통과 교환을 쉽게 해준다.

우리나라 내만의 펄 바닥에서도 쉽게 발견되는 퇴적물식자(堆積物食者)인 아기반투명조개를 통해 생물교반의 구체적 사례를 살펴보자. 아기반투명조개는 크기가 1센티미터 정도이며 크기에 따라 다르지만 표층으로부터 약 2, 3센티미터의 깊이에 산다. 기다란 입수관(入水管)을 이용하여 호흡하며 저표 퇴적물을 먹고 그 위에 섭식 흔적을 남긴다.

한편 입수관보다 약간 짧은 출수관은 아래 방향으로 뻗어 있어 호흡수와 분을 배출하며 이때 분립은 퇴적물 속 빈 공간에 모인다. 출수관에서 배출된 물은 미세한 그물 모양의 수로를 거쳐 저표면으로 유출되

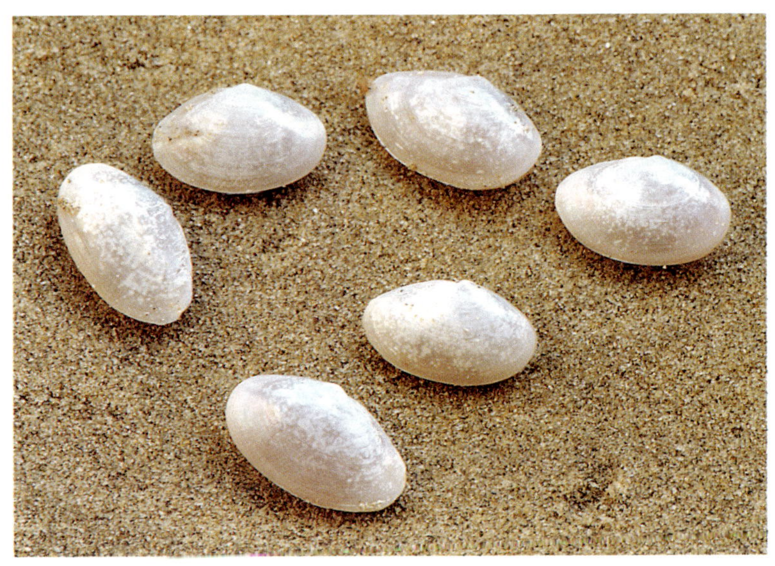

아기반투명조개 어느 정도 유기물 오염이 있는 곳에 고밀도로 서식한다. 우리나라 남해 안의 내만은 물론 인천의 북항에서 많은 양이 출현하며 동춘동 척전 갯벌이 하부 조간대 에시도 나타난다.

는데 그 경로는 수류의 강도에 따라 달라진다. 먹이를 섭취하고 호흡을 하는 입수관도 휴식과 외적으로부터의 도피나 자세 전환을 위하여 자 주 신축하는데 입수관이 나가는 위치도 그때마다 변한다. 이러한 조개 의 호흡이나 먹이 섭취 활동으로 서식층으로부터 저표면까지 함수율이 높아지고 주위에 비해 약간 융기된다. 또 호흡 활동에 따라서 퇴적물 내의 미세한 공도(孔道)에 물이 흐르기 때문에 산화층과 환원층의 경 계가 약간 아래쪽으로 내려간다.

아기반투명조개는 한 장소에서 3, 4시간 동안 자리잡고 있으면서 섭 식 활동을 계속하는데 이때 그 흔적이 중복되지 않게 주위를 모두 섭식 한 뒤 이동한다. 한 번 흔적을 남긴 부분에는 다시 갈색의 산화층이 형

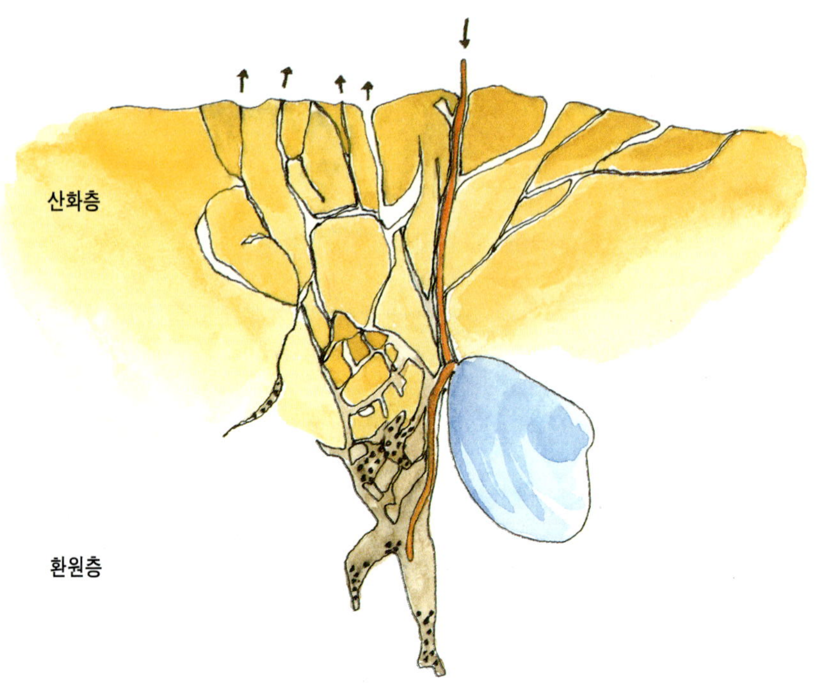

아기반투명조개의 매몰 자세와 퇴적물의 교반 상태 미세한 그물 모양의 수로 아래에 조개가 있으며, 호흡으로 인한 배출수가 만들어내는 빈 공간에는 분립이 모여 있다. 화살표는 수류의 방향을 나타낸다.

성되며 저서 규조류나 미생물의 재번식으로 먹이로서의 가치를 회복할 때까지 섭식에 이용되지 않는다.

실험실에서 수조의 중앙에 아기반투명조개 30개체를 놓았더니 72시간 뒤에 30센티미터 지름의 원형 면적이 거의 완전히 교란되었다. 이보다 더 많은 시간을 준다면 교반 면적은 더욱 증가될 것이다. 만약 1제곱미터에 300~400개체가 서식한다면 저표에서 2, 3센티미터 깊이의 펄을 구석구석 쉽게 파 뒤집어 갈아 놓을 수 있다는 계산이 된다.

더욱 깊은 퇴적물층의 모래나 펄을 무차별로 삼키는 퇴적물식자는 머리 부분이 아래쪽에 있고 몸의 후단을 저표로 향하며 소화가 가능한 유기물을 흡수한 뒤에 사니 퇴적물을 위분(僞糞)으로 배출한다. 미국 매사추세츠 바른스테이블(Barnstable) 항구 주변의 갯벌에 서식하는 빗 갯지렁이는 한 개체가 하루에 6그램의 퇴적물 회전율을 보인다. 이것은 일년에 한 개체가 600그램의 퇴적물을 4~6센티미터 깊이의 층에서 저표로 운반하고 있다는 계산이 된다. 서식 밀도와 활동량을 적산하여 보면 이 한 종류의 갯지렁이가 6센티미터 깊이의 퇴적물 위아래 층을 서식 밀도에 따라 4~15년 동안에 완전히 바꾸어 해저를 갈아엎는 효과가 있다.

퇴적물의 화학적 특성

갯벌 퇴적물 속에 포함되어 있는 유기물 함량도 갯벌에 사는 동물들에게는 매우 중요한 생활 조건이다. 많은 갯벌 동물들은 모래펄의 표면에 퇴저되어 있는 유기물을 머으며 살아간다.

갯벌의 대표적인 동물인 갯지렁이처럼 간조 때에는 펄 속으로 굴을 파고 그 안에 숨어 있지만 조수가 밀려오면 굴에서 나와 진흙 표면의 유기물을 먹는 종류가 있는가 하면, 모래나 펄 속에 살면서 그 속에 있는 유기물을 섭취하는 종류도 있다. 그러나 갯벌 상부에서 흔하게 보이는 칠게나 넓적콩게 등은 만조 때에는 굴 안에 숨어 있고 조수가 빠지면 굴에서 나와 표면에 퇴적되어 있는 유기물만을 골라 먹는다.

일반적으로 퇴적물 내의 유기물 함량은 퇴적물을 구성하는 모래 알갱이의 입자가 미세할수록 많은데 그것은 상대적으로 미생물이 부착할 수 있는 표면적이 넓어지기 때문이다. 따라서 개펄 성분이 많을수록 증가하며 모래질이 많을수록 적어진다. 대체로 인천 주변 갯벌의 유기물 양은 2~5퍼센트의 범위에 있으나 강화도 주변의 일부 진흙질 성분이 풍부한 갯벌에서는 유기물 양이 10퍼센트 가까이 되는 경우도 있다.

　퇴적물 속에 포함되어 있는 유기물 함량의 수직적인 분포를 살펴보면 일반적으로 표층에서 많다. 왜냐하면 갯벌의 퇴적물 표면에는 생물들의 사체(死體)가 분해된 것이나 하천에서 운반된 유기물 등이 퇴적되어 있을 뿐만 아니라 미세한 조류(藻類)나 박테리아가 착생, 번식하기 때문이다. 그러나 실제로 조사하여 보면 표면 쪽이 적게 나타나는 경우도 있는데 그 이유는 갯벌에서 흔히 관찰되는 물결 자국을 통해 알 수 있다. 이것을 자세히 들여다보면 표면의 유기물이 파랑의 작용으로 마루 부분에서 골로 옮겨져 얕게 쌓여 있는 것을 볼 수 있다.

　한편 갯벌의 퇴적 환경을 이해하려면 환경 조건에 따라 변하는 퇴적

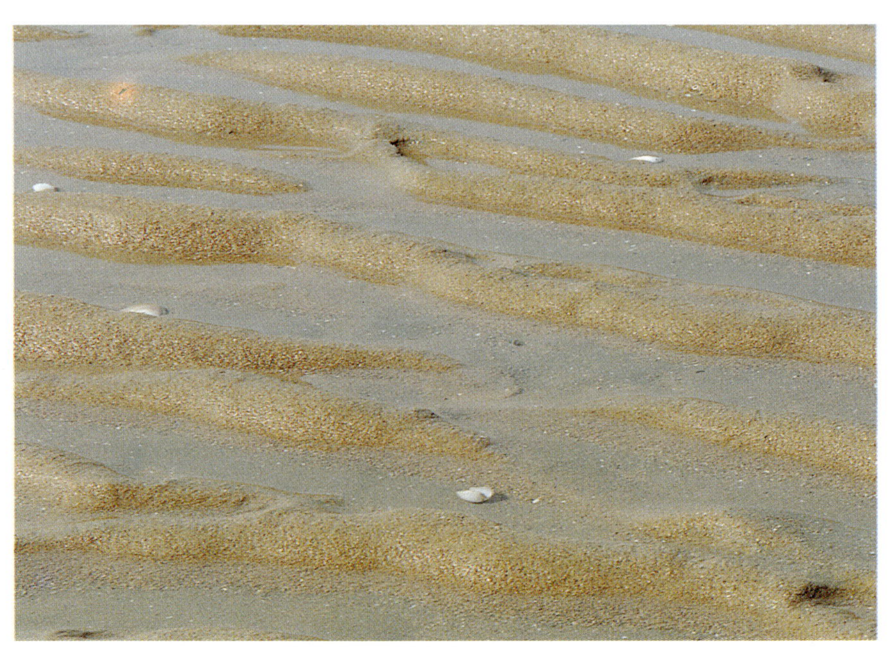

물결 자국 갯벌에서 흔히 관찰되는 물결 자국을 자세히 들여다보면 표면의 유기물이 파랑의 작용으로 마루 부분에서 골로 옮겨져 얕게 쌓여 있는 것을 볼 수 있다.

물의 화학적 특성을 살펴볼 필요가 있다. 갯벌에 나가 삽으로 퇴적물을 한 번 떠 보자. 그 수직 분포는 일반적으로 산화층, 산화−환원 불연속 층, 환원층으로 이루어져 있으며 퇴적물 표층에서 불과 수센티미터까 지의 산화층을 제외하고는 산소가 없는 환원 환경으로 되어 있다.

이러한 산화층과 환원층의 형성은 저서생물의 활동, 간극수(間隙水) 와 퇴적물에서 유기물의 산소 소비, 퇴적물 속으로의 산소 수송 등의 관계에 따라 결정된다. 특히 내생동물(內生動物)이 존재하지 않는 퇴 적물의 표층에서 저층으로의 산소 수송은 단지 저층수로부터 간극수로 까지 산소가 확산되는 것에 의해서만 일어난다.

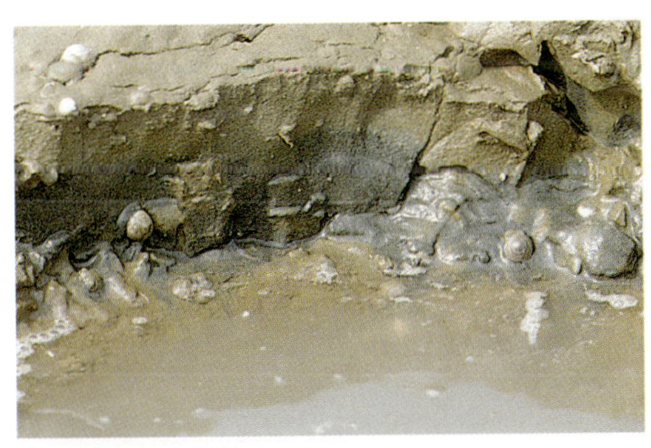

모래갯벌의 산화층 모래 갯벌은 모래 알갱이의 크 기가 커서 저층수로부터 산소의 공급이 원활하기 때문에 산화층이 두껍다.

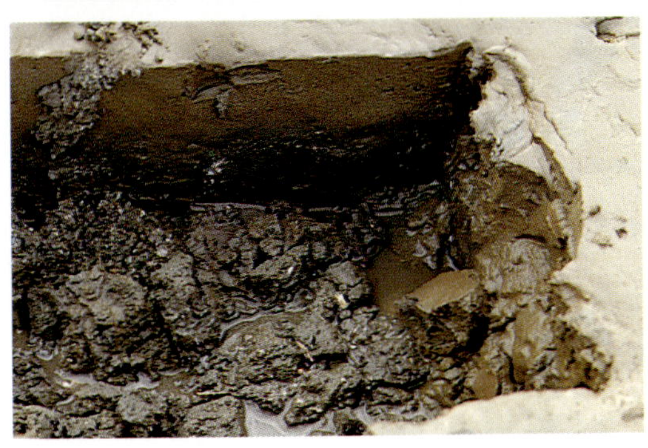

펄갯벌의 환원층 펄갯벌 은 알갱이 크기가 작기 때 문에 간극이 작고 산소 공 급도 좋지 않아 산화층이 얕다.

표층의 연한 황갈색 산화층은 해저(海底)—수(水)의 경계면과 가까워 산소가 풍부한 저층수와 저서생물에 의한 산소 공급이 원활하다. 대형 저서생물의 대부분이 바로 이 층에 서식한다. 그 바로 밑에는 회색대와 산화—환원 불연속층이 나타나는데 이곳은 산화 과정이 환원 과정으로 바뀌는 층으로 아직도 산소가 적은 양이나마 존재하며 황화수소(H_2S)도 나타나기 시작한다.

제일 밑에는 흑색층으로 환원 환경이며 산소가 없는 무산소 상태인 반면 황화수소가 대량 발생한다. 이 흑색층에는 산소가 없으므로 대형 저서생물은 살 수가 없다. 그러나 최근에 여기에서만 나타나는 새로운 동물군이 발견되는가 하면 새로운 기관이나 기능을 보이는 특이하고도 다양한 생물상이 보고되었다.

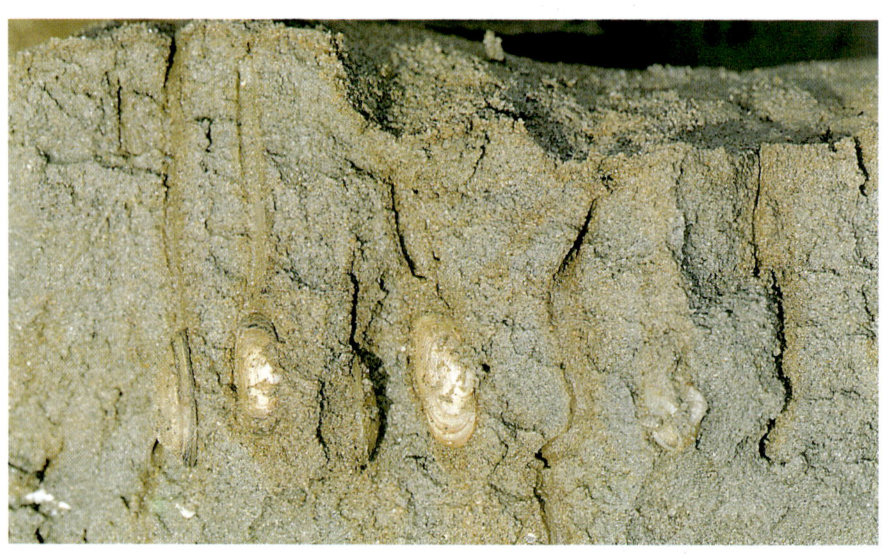

갈색새알조개의 수관 흔적 _난형의 조가비 표면에는 녹갈색 각피가 있고 길이는 2센티미터 정도이다. 수관을 따라 산소가 공급되어 산화층과 환원층의 상대적 구별이 뚜렷하다.

퇴적물의 유형에 따른 화학적 특성

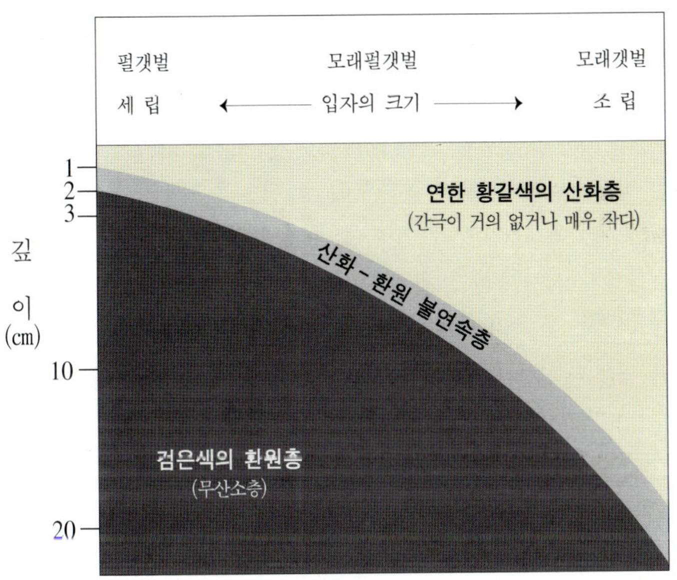

이와 같은 퇴적물의 화학적 특성에 따른 수직 분포는 내생동물의 생
물교반 및 재퇴적 활동과 해역의 수력학적인 조건에 따른 내만도(內灣
度), 계절에 따른 수온 변화, 유기물 유입의 정도 등 비생물적인 환경
조건에 따라 아래위로 이동한다.

갯벌의 수질

갯벌의 밑바닥을 구성하는 모래나 펄 등의 기질(基質)이 생물의 생
활 방식이나 분포에 일차적인 영향을 주는 것은 확실하나 매질(媒質)

이 되는 수질도 중요한 비생물적인 무기 환경 요인이 된다.

갯벌은 물론 조위에 따라 다르지만 대략 하루 중의 절반은 공기 중에 노출되고 나머지 시간은 밀물에 의해 해수에 잠긴다. 그래서 갯벌 생물들은 만조 때 갯벌 위를 덮는 해수의 각종 물리 화학적 성질에 따라 영향을 받는다. 특히 요즘처럼 주변 해역이 각종 오염으로 심하게 몸살을 앓고 있는 상황에서는 만조 때에 해수에 잠기는 것 자체가 오히려 이곳에 서식하는 생물에게 치명적인 영향을 주기도 한다.

여름철 폭우가 쏟아지면 일부 악덕 공장주들이 몰래 버리는 공장 폐수가 인근 하천을 통해 바다로 흘러들고 이렇게 오염된 해수 때문에 해양 생물이 대량 폐사를 일으키는 것도 수질의 중요성을 나타내는 한 예이다. 또한 남해안을 중심으로, 아니 이제는 전국의 해안 도처에서 연례 행사처럼 자주 일어나는 적조(red tides)나 청조(blue tides)에 의한 각종 해양 저서생물의 대량 폐사도 수질이 해저에 사는 생물들에게 얼마나 큰 영향을 미치는지를 잘 말해 주고 있다.

갯벌 위를 덮는 바닷물이 오염되면 해수－퇴적물 경계층 바로 위의 물도 오염되고 그곳에 서식하던 표생동물(表生動物)도 영향을 받는다. 또한 저층수의 영향을 받는 퇴적물 속의 간극수도 오염된 바닷물로 채워져 결국 그 속을 생활의 장으로 살아가는 내생동물들까지도 폐사하게 된다.

갯벌의 모래나 펄 속에는 간조 때에도 해수가 침투되어 있는데 이것을 간극수라 한다. 바로 이것이 물이 빠진 뒤의 고온 건조한 대기 환경에서도 펄 속에 생물이 존재할 수 있도록 하는 원천이다. 그렇기 때문에 간극수의 수질은 갯벌의 비생물적 환경을 고찰하는 데 매우 중요한 요소가 된다.

간극수는 용존 산소량이 낮고 pH값도 낮아 표면수에 비해 상당히 다른 물리 화학적 성질을 보인다. 특히 퇴적물 속의 높은 유기물 함량 때

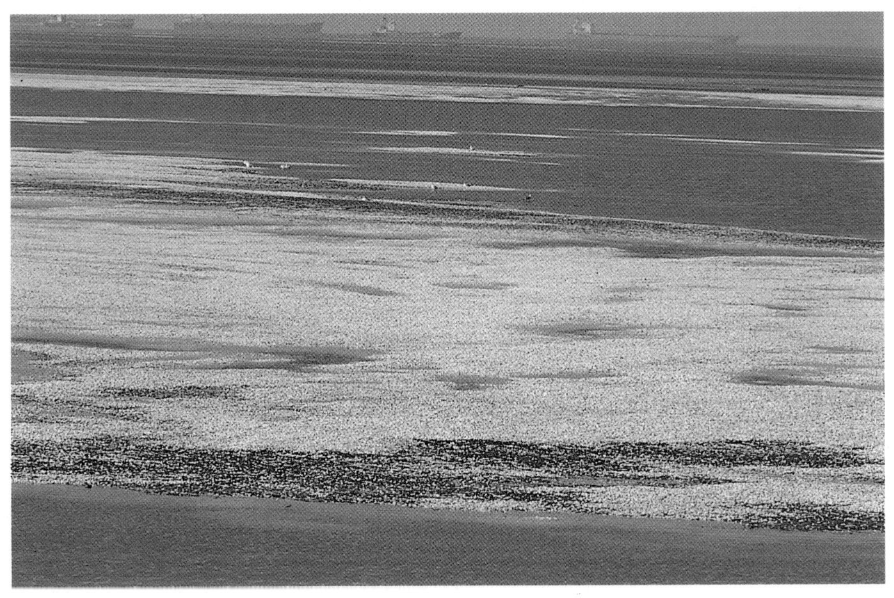

동죽의 대량 폐사 공장 폐수나 생활 하수가 인근 하천을 통해 바다로 흘러들어 갯벌이 오염되면 그곳에 서식하는 생물들은 결국 대량 폐사한다.

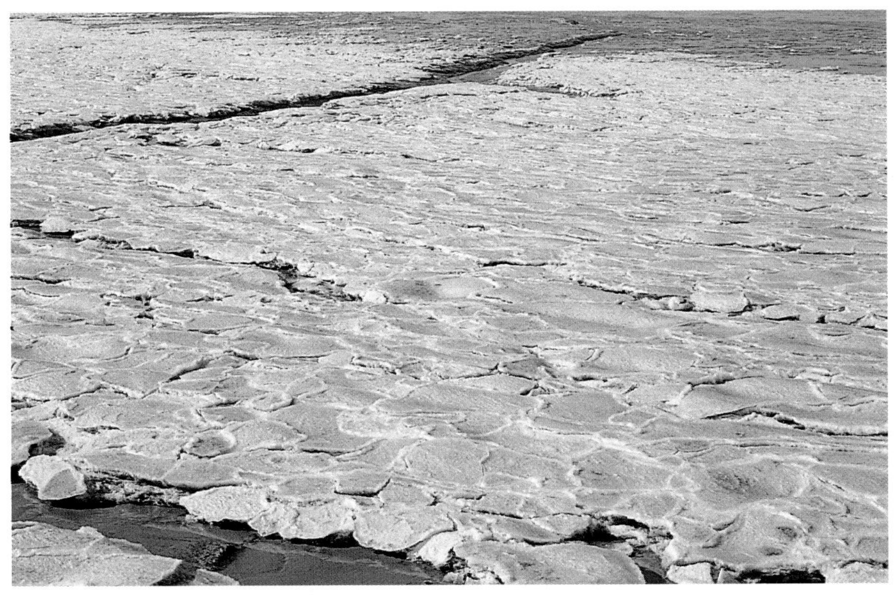

갯벌의 얼음장 영하 10도를 넘는 겨울철에는 갯벌 위에 남아 있는 바닷물도 얼어붙어 얼음장으로 변하고 표층 퇴적물은 파도에 교란되어 파헤쳐진다.

문에 그것의 분해 과정에서 산소가 소비되어 환원 환경의 상태에 있는 경우가 많다. 그리고 해수와 접하고 있는 극히 표층의 부분을 제외하면 물의 유동이나 교환도 나빠서 간조 때에 산소가 공급되는 범위가 대단히 얕다. 일반적으로 부영양화(富榮養化) 된 지역의 간극수에 포함되어 있는 영양염류에는 암모니아 형태의 질소와 인산염이 많다. 또 갯벌의 표면수에 비해 아질산염과 질산염은 적은데 이는 퇴적물 내에서 산화 작용이 충분히 진행되고 있지 않음을 나타낸다. 그러나 육상에 가까운 조간대 상부의 고조대에서는 오염된 하천수나 지하수의 유입으로 표면수에서 암모니아 형태의 질소와 인산염이 모두 많다. 고조선 지역의 표면수와 저조선의 간극수에서 이 두 종류의 영양염류의 양이 많다는 것은 먼 바다일수록 저층의 수질 상태가 악화되어 있음을 나타낸다.

내만/내만도 바다가 육지로 둘러싸여 후미진 곳을 만(灣) 또는 내만(內灣) 이라 하고 내만이 외해로부터의 폐쇄된 정도를 내만도(內灣度) 라 한다.

사취/사주 사취(spit) 는 파랑과 연안류에 의해 모래가 해안을 따라 운반되다가 바다 쪽에 계속 쌓여 형성되는 해안 퇴적 지형으로 앞쪽 끝이 모래의 공급원인 육지 쪽으로 연결되며 새의 부리처럼 구부러지는 것이 특징이다. 사주(sand bar, barrier) 는 해안선에 평행하게 둑 모양을 만들며 조류, 파랑, 태풍 등에 의해 생성, 성장, 소멸을 반복한다.

고조선/저조선 만조 때 밀물이 가장 높아졌을 때 바닷물의 수위를 고조선(高潮線) 이라 하고, 반대로 간조 때 수위가 가장 낮았을 때 바다와 육지와의 경계선을 저조선(低潮線) 이라 한다.

조류로/조류세곡 갯골이라 부르는 조류로(tidal channel) 나 조류세곡(tidal creek) 은 모래갯벌보다는 펄갯벌에서 잘 발달하며 유역 분지의 지표수와 조석에 의해 바닷물이 드나드는 통로이다. 조류로를 조수로(潮水路) 라 부르기도 한다.

감조니질지/감조저습지 주로 조석이 드나드는 조간대 상부 쪽이 잘 발달된 개펄갯벌로 되어 있는 경우를 감조니질지라 하고 이러한 저습지대(低濕地帶) 를 감조저습지라 한다.

유기쇄설물 동물이나 식물 또는 그 사체(死體) 가 파랑, 미생물 등의 분해에 의해 잘게 부서진 생물 기원성 유기물 파편을 일컫는다. 아주 크기가 작은 무기질의 모래나 펄에 박테리아가 착생, 번식한 미세 입자도 포함되며 하구역과 갯벌 생태계의 기반을 이루는 중요한 먹이 원(源) 이다.

산화 환원 불연속층 모래나 펄을 파보면 윗부분은 대체로 갈색을 띠며 간극수에 산소가 충분하게 녹아 있는 산화층으로 되어 있고 밑부분은 산소가 없는 검은색의 썩은 환원층으로 되어 있는 경우가 대부분이다. 이렇게 산화층이 환원층으로 바뀌는 경계층을 산화 환원 전위 불연속층이라 한다. 표층으로부터 이 층까지의 깊이는 갯벌 건강성의 정도를 평가하는 지표가 되기도 한다.

갯벌의 유형

갯벌은 파랑 에너지의 세기에 의해 모래나 펄로 바닥이 구성되기 때문에 퇴적상에 따라 모래갯벌, 펄갯벌, 모래펄갯벌로 나뉜다. 또 이 가운데 어느 유형에도 속하지 않는 갯벌이 있고 그 중간 형태인 곳도 있다. 그 밖에 지형적 특징에 따라 하구역의 갯벌을 따로 생각할 수 있다.

퇴적상에 따른 갯벌의 유형

퇴적상에 따라 나타나는 갯벌의 유형은 우리나라에서도 흔히 볼 수 있다. 우선 모래갯벌은 외해에 위치한 백령도와 대청도 등지의 모래사장이나 인천 용유도 을왕리 해수욕장의 중상부 정도에서 볼 수 있으며, 펄갯벌은 광활하게 잘 발달한 강화도 주변 갯벌이 대표적이고 모래펄갯벌은 인천 송도 주변의 척전 갯벌 중하부에서 볼 수 있다.

모래갯벌
모래갯벌은 바닥이 주로 모래질로 형성되어 있어 조개를 잡으며 즐

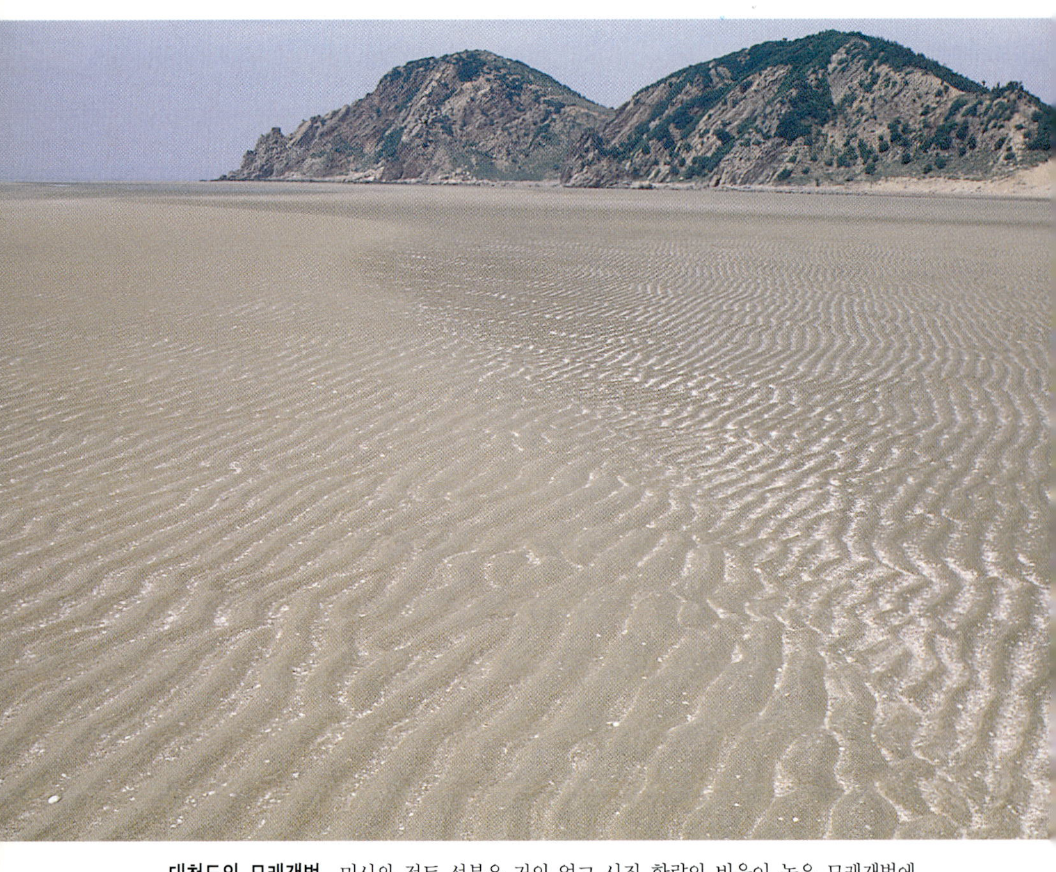

대청도의 모래갯벌 미사와 점토 성분은 거의 없고 사질 함량의 비율이 높은 모래갯벌에 물결 자국이 뚜렷하다.

기기 좋은 곳이다. 모래갯벌에서도 해안 가까운 갯골이나 조수로에서 는 펄이 있는 곳도 있다. 저질의 모래 알갱이의 평균 크기는 0.2~0.7 밀리미터 정도로 백령도의 용기포, 대청도의 옥죽동 모래사장과 인천 용유도 을왕리 해수욕장의 중상부 정도가 여기에 해당한다. 따라서 중 사(中砂)가 점유하는 비율이 높다.

유기물 함량은 1, 2퍼센트 정도로 적은 편이고 미사와 점토 성분이

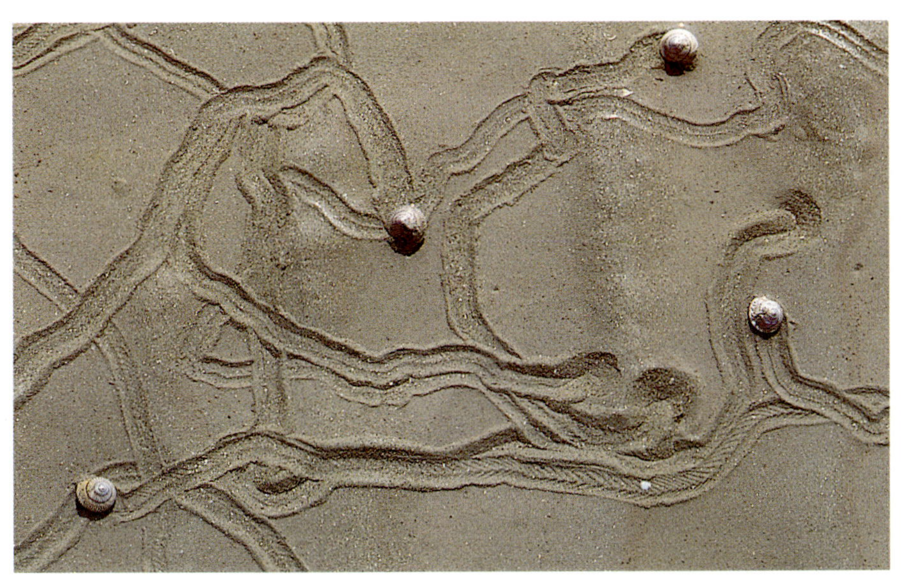

서해비단고둥의 포복 흔적 갯벌에는 그곳에서만 볼 수 있는 특징적인 동물들이 분포한다. 우리나라 서해안의 모래갯벌에서는 서해비단고둥의 흔적을 많이 볼 수 있다.

차지하는 이질(泥質) 함량의 비율도 대체로 4퍼센트를 넘지 않는다. 주변 염습지 식생의 갈대밭과 같은 곳에서도 부분적으로 펄이 나타나며 경우에 따라서는 유기물 함량이 거의 10퍼센트에 달할 정도로 매우 높고 이질 함량도 70퍼센트를 넘는다. 어떤 경우에는 이질부가 조류세곡을 따라 나타나는데 유기물과 이질 함량이 모두 사질부(砂質部) 보다 다소 높다.

이렇게 모래갯벌에서도 일부 한정되지만 개펄이 존재한다는 것은 그곳에서만 볼 수 있는 특징적인 동물들이 분포한다는 것을 의미한다. 이것은 갯벌의 퇴적상과 생물상을 더욱 다양하고 풍부하게 해준다. 약간의 개펄이 섞인 우리나라 서해안의 모래갯벌에는 바지락, 동죽, 서해비단고둥, 갯고둥 등이 나고 동해의 모래사장에서는 민들조개나 북방대합이 많이 난다.

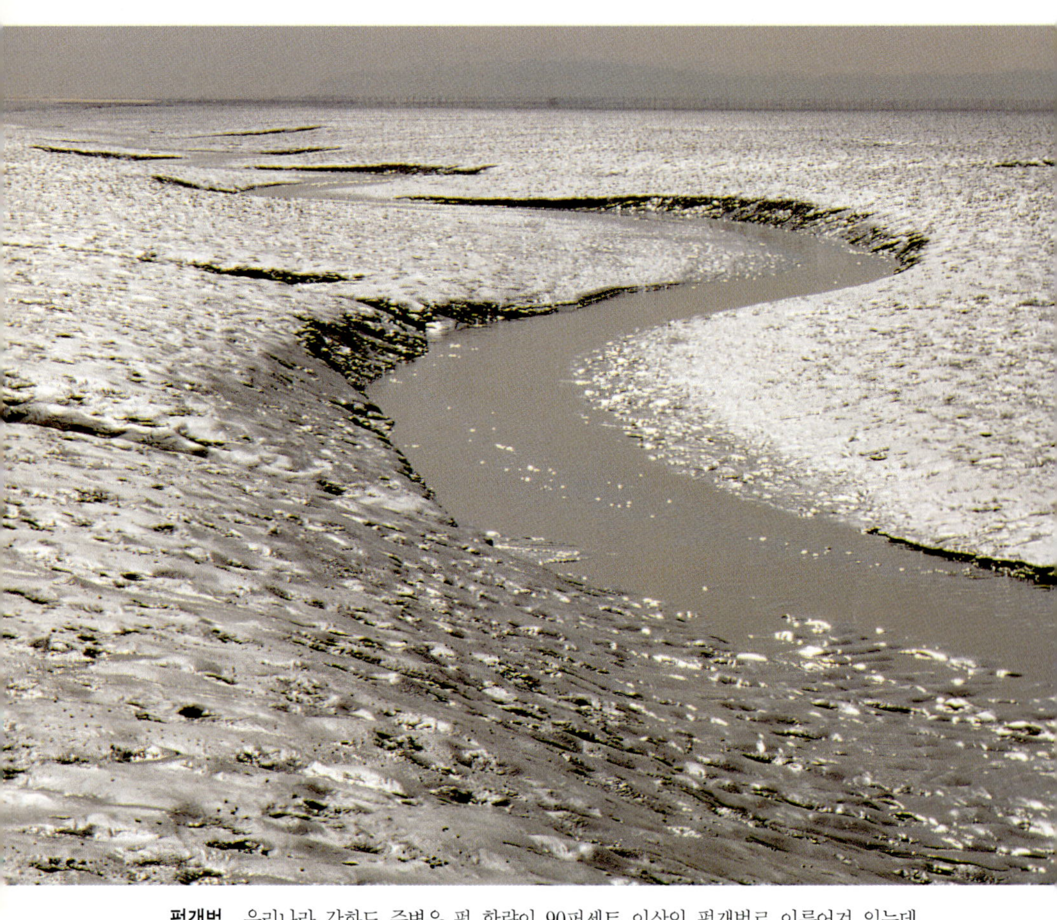

펄갯벌 우리나라 강화도 주변은 펄 함량이 90퍼센트 이상인 펄갯벌로 이루어져 있는데 이런 곳에는 갑각류나 조개류보다는 갯지렁이류가 더 많다.

펄갯벌

　모래질이 차지하는 비율이 10퍼센트 이하에 불과하나 반대로 펄 함량은 90퍼센트 이상에 달하는 갯벌이다. 강화도 주변 연안에 잘 발달한 광대한 펄갯벌에서 표층 퇴적물의 평균 입자의 지름은 0.031밀리미터에 이른다. 이곳에서는 개펄의 깊이가 깊은 곳은 수미터나 되고 함수량(含水量)도 높아 걸을 때 보통 허벅지까지 빠지기 때문에 갯벌 조사가 매우 힘들다. 그런데 강화도 주변 개펄의 대부분은 결국 한강의 상류에서 하구를 통해 경기만으로 유입, 운반된 것이다.

　같은 펄갯벌이지만 강화도에서 그리 멀지 않은 인천의 동춘동 송도 갯벌은 전체적으로 평균 입도의 크기가 강화도보다 다소 크고 이질 함량과 유기물 함량도 낮다. 고막잡이로 유명한 전남 고흥 등지의 갯벌은 이질 함량이 98퍼센트 이상으로 높고 유기물 함량도 10퍼센트 이상이며, 함수량도 높아 매우 질퍽하기 때문에 발이 빠져 걸을 수가 없을 정도이다. 이러한 곳에서 조개잡이를 하는 아주머니들은 나무판자로 만든 개펄 썰매를 타고 미끄러져 다닌다. 이 지방 사람들은 이 썰매를 잘 조정하고 다니며 고막이나 가리맛 등의 조개류를 독특한 방법으로 채취하고 있다.

　이렇게 이질 함량이 비교적 높은 펄갯벌에서는 모래갯벌보다 퇴적물의 간극이 좁아 산소나 먹이를 포함하는 바닷물이 펄 속 깊이 침투하기가 어렵다. 따라서 이곳에 서식하는 생물들은 지표면에 구멍을 내거나 관을 만들어 이를 통해 바닷물이 침투되도록 한다. 펄갯벌에서는 모래갯벌에 비해 갑각류(甲殼類)나 조개류보다는 퇴적물식을 하는 갯지렁이류가 우점한다.

　우리나라 펄갯벌에서는 두토막눈썹참갯지렁이(청충), 바위털갯지렁이(본충), 넓적발참갯지렁이(황금충), 긴다리송곳갯지렁이(사충), 치로리미갑갯지렁이(혈충), 눈썹참갯지렁이(석충) 등 흔히 낚시용 미끼로 쓰이는 갯지렁이류가 많이 서식한다. 어민들은 주로 강태공들의 낚싯밥으로 쓰이는 이들을 채취하여 타지방이나 외국으로도 출하하며 소득을 올리고 있다.

모래펄갯벌

모래펄갯벌은 혼성갯벌이라고도 하는데 모래와 펄이 각각 90퍼센트 미만으로 섞여 있는 퇴적물로 구성된 갯벌이다. 펄이 더 많으면 모래펄갯벌, 모래가 더 많으면 펄모래갯벌로 구분할 수도 있다. 그러나 지역에 따라서 또는 같은 지역이라 할지라도 부분적으로 상부와 하부가 다를 수 있고, 주변 해안선의 형태에 따라서 좌우측으로 모래와 펄의 비

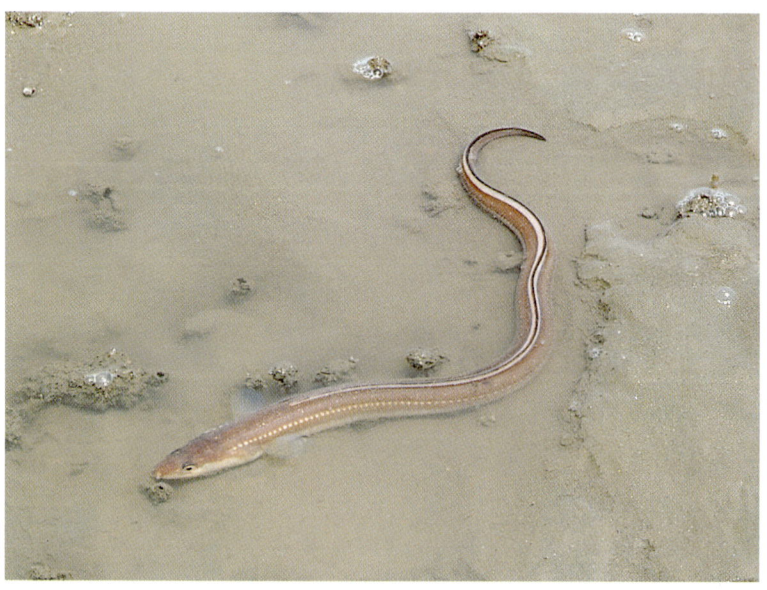

척전 갯벌의 붕장어 척전 갯벌의 하부는 펄이 40퍼센트이고 모래가 60퍼센트인 펄모래갯벌이다. 원래는 조하대의 펄 바닥을 좋아하는 붕장어가 우연히 이곳에서 발견되었다.

율이 각기 다양하게 달라질 수 있다.

인천 송도 주변의 척전 갯벌은 간조 때 바다 쪽으로 4킬로미터 정도가 노출되는데 상부는 이질이 90퍼센트인 펄갯벌이고, 중부는 펄 함량이 약 60퍼센트인 사니질(砂泥質)이며, 하부는 펄이 40퍼센트인 이사질(泥砂質)이다. 중부와 하부는 혼성인 모래펄갯벌(또는 펄모래갯벌)을 이루는데 상부에서 하부를 향하여 내려갈수록 펄 함량의 비율이 차츰 낮아지고 반대로 모래 함량은 많아지는 입도 분포를 보인다.

또한 척전 갯벌은 유기물 함량이 상부에서 하부로 내려가면서 3.2〜1.4퍼센트로 차츰 감소하는 경향을 보인다. 저서동물의 분포 유형을 보면 상부에서는 칠게가, 중부에서는 동죽이나 맛조개가, 하부에서는 가시닻해삼이 우점하는 서해안 특유의 띠 모양 분포를 나타낸다.

하구역 갯벌

하구역의 갯벌은 지형적인 특징에 따라 구별되는 갯벌로 우리나라에서 유입 하천이 있는 곳이면 볼 수 있다. 하구역은 육지로부터 공급되는 담수와 바다로부터 유입되는 해수가 혼합되는 반폐쇄 지역으로 상당한 양의 물질이 이곳에 모여 쌓였다가 유출되며 육지와 해양 사이의 여과 장치로 작용하는 수계(水界) 생태계이다.

따라서 갯벌에 쌓인 모래와 펄도 결국 육상으로부터 강의 하구를 통해 바다로 옮겨진 것이기 때문에 생태학적으로 볼 때 하구역에 하구언 등의 인공 구조물을 건설하여 퇴적물의 이동 통로를 차단하는 것은 문제가 있다.

결국 육상 생태계는 하천 생태계→하구 생태계→염습지 식생 생태계→갯벌 생태계→연근해 생태계로 서로 연결된다.

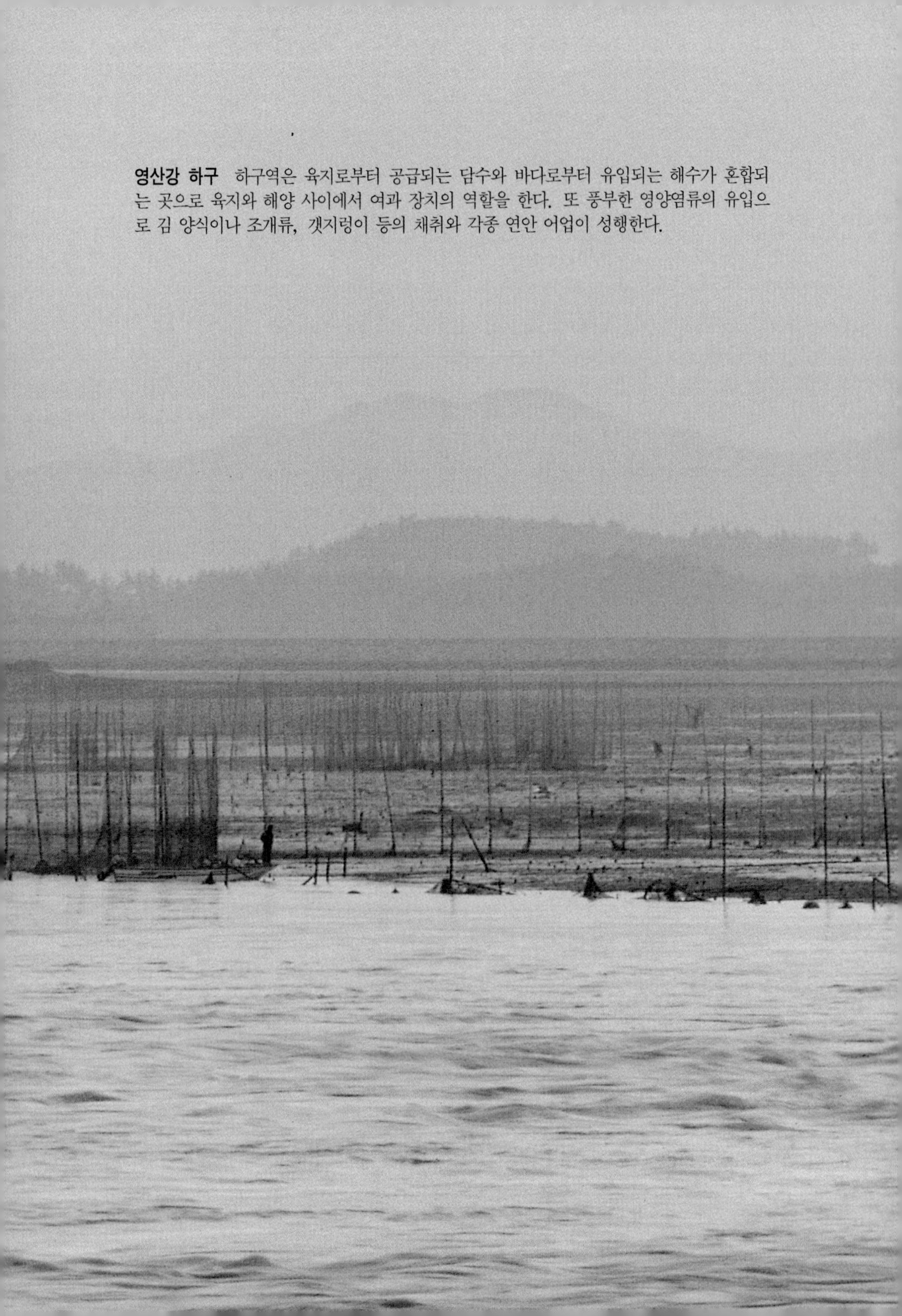

영산강 하구 하구역은 육지로부터 공급되는 담수와 바다로부터 유입되는 해수가 혼합되는 곳으로 육지와 해양 사이에서 여과 장치의 역할을 한다. 또 풍부한 영양염류의 유입으로 김 양식이나 조개류, 갯지렁이 등의 채취와 각종 연안 어업이 성행한다.

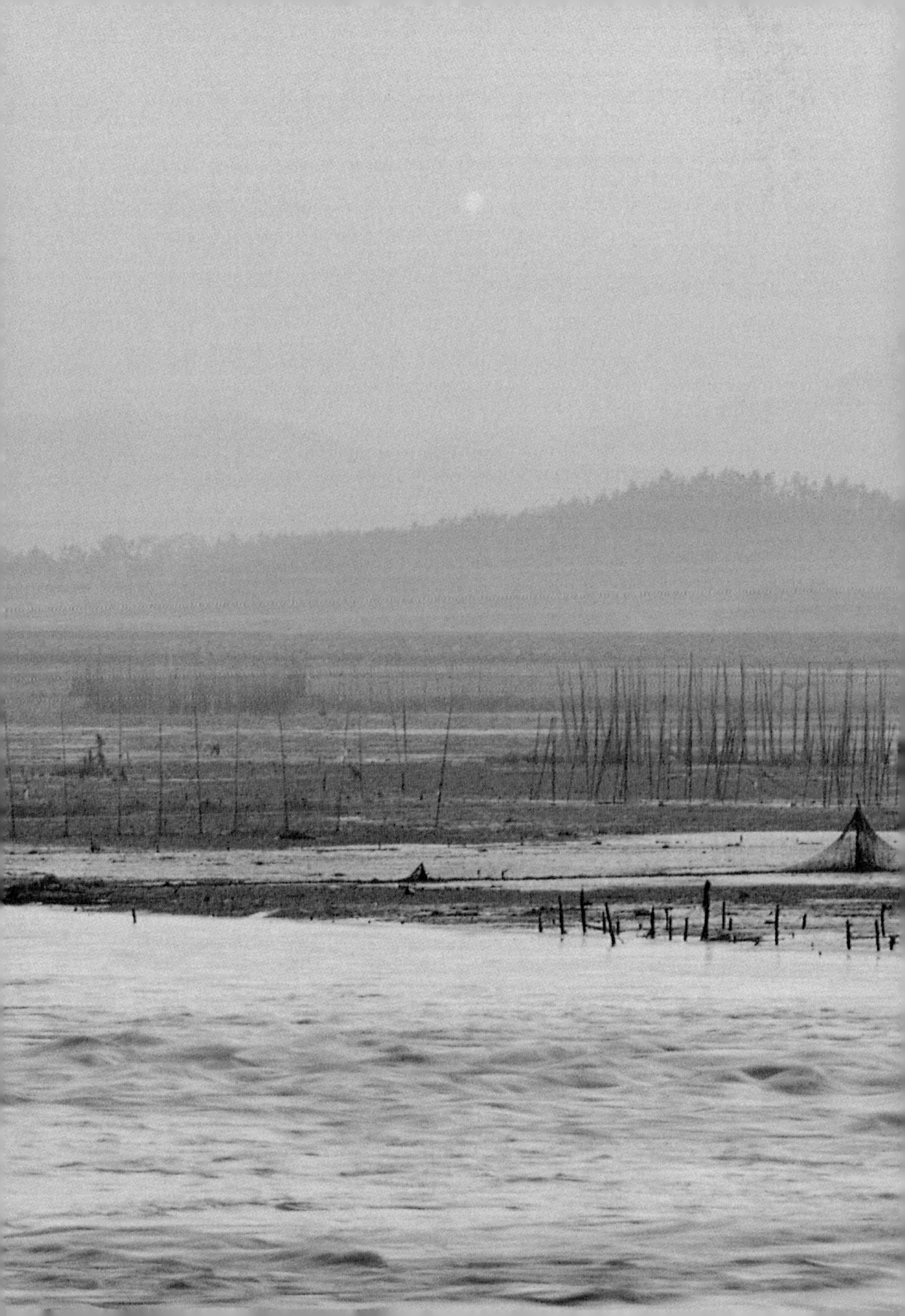

이들은 각기 고유한 생물 군집의 구조와 기능을 가지며 이웃 생태계와 상호 작용을 하면서 평형을 유지한다. 특히 서해안으로 향하는 강의 하구역에 발달한 한강의 강화도-영종도 갯벌, 금강-만경강-동진강 하구의 군산-김제-부안 갯벌 등은 육상에서 공급된 퇴적물이 완만한 흐름의 하구 주변에 퇴적되어 대규모의 갯벌을 형성한 것이다. 이곳에서는 하구의 제방을 따라 갈대밭이 광활하게 펼쳐지며 바다를 향하여 모래나 개펄로 된 감조저습지가 발달한다.

우리나라 서남해안의 강 하구에 위치하는 갈대밭의 갯벌은 거의 개펄로 구성되어 있으나 일부 지역에 따라 모래갯벌도 볼 수 있다. 동해안으로 향한 비교적 규모가 작은 강들이나 낙동강 하구에서는 대체로 전형적인 모래갯벌이 우세하다.

하구역 갯벌은 강물이 하구를 거쳐 바다에 이르는 과정에서 바닷물과 섞여 일정한 염분 구배를 나타내는 독특한 환경 구조를 보이며 이에 따라 고유한 생태학적 특성을 나타낸다. 특히 여름철 홍수기에는 많은 양의 담수가 일시적으로 바다로 유입되기 때문에 홍수기를 전후하여 하구역의 퇴적 환경에 극적인 변화가 일어난다. 따라서 그곳에 서식하는 생물상도 광염성(廣鹽性)과 광온성(廣溫性) 종류들이 주류를 이룬다. 그러나 하구역은 이러한 환경 조건의 불안정성으로 인해 다른 생태계에 비해 생물 다양성이 낮다.

우리나라의 동해안에서는 장소에 따라서 해안선에 평행으로 뻗은 감조성의 석호가 존재한다. 이곳에서는 하구역의 갯벌과는 다른 양상을 보이기 때문에 일종의 석호갯벌이라고 일컬을 수 있다.

동해안은 조차가 매우 적고 흙탕물을 실어 내리는 큰 강도 많지 않아 펄갯벌보다는 모래갯벌과 모래 언덕으로 해변이 둘러싸여 있다. 대부분 이러한 지역은 극심한 염분 농도의 변화로 생물상이 단조로우나 가끔씩 특이한 생태학적 특성을 보인다.

우리나라 염습지의 대표적 식생, 갈대숲

하구역의 후미처럼 담수 유입의 영향을 받는 곳에 발달된 소택지(沼澤地)에는 조석의 주기에 따라 기수(汽水, 바닷물과 민물이 섞여 염분이 적은 물)나 해수가 들어오고 나가는 해안 습지가 있다. 그중에서도 육지와 경계를 이루는 상부 지역에는 갈대가 서식한다. 갈대는 전세계에 분포하며 보통 온대 지방의 저지대에 서식한다. 지역적으로는 노르웨이의 북위 70도 지역에서 열대 지역에 이르기까지 분포하며 남반구에서는 아프리카 대륙의 남단과 칠레의 남위 40도 지역까지 분포하고 있다.

염생 습지에 서식하는 식물로는 미국의 동부 연안에서 나는 염생식물인 스파르티나와 열대 및 아열대 지역의 맹그로브(mangrove)가 잘 알려저 있으며 우리나라에서는 갈대, 나문재, 칠면초, 천일사초, 갯잔디, 퉁퉁마디 등이 주류를 이룬다.

우리나라에서는 특히 갈대 군락이 잘 발달하고 있는데 갈대 군락은 수질 정화와 폐기물 처리, 부영양화 억제 등 환경을 정화하는 다양한 기능을 수행한다. 뿐만 아니라 국제 희귀 조류 및 천연기념물인 황새, 재두루미, 흑두루미, 저어새 등 겨울 철새들의 집단 서식지이기 때문에 보존이 그 어느 때보다도 절실하게 요구되는 우리나라의 대표적인 염습지 식생이다.

우리나라 하천의 하구역이나 소택지의 물가에는 부들, 줄, 갈대 등의 추수식물(뿌리나 줄기의 밑부분이 수면 밑에 있는 수생식물)이 띠 모양 분포를 이루면서 서식한다. 그러나 해수의 영향을 받는 하구역의 물가에서는 부들이나 줄은 자취를 감추고 갈대가 순군락(純群落)을 형성하며 이어서 갯는쟁이, 해홍나물, 퉁퉁마디, 칠면초 등의 염생식물 군락이 바다를 향하여 나타난다.

갈대의 서식 환경은 수심이 약 2미터에서부터 지하 수위 1미터까지

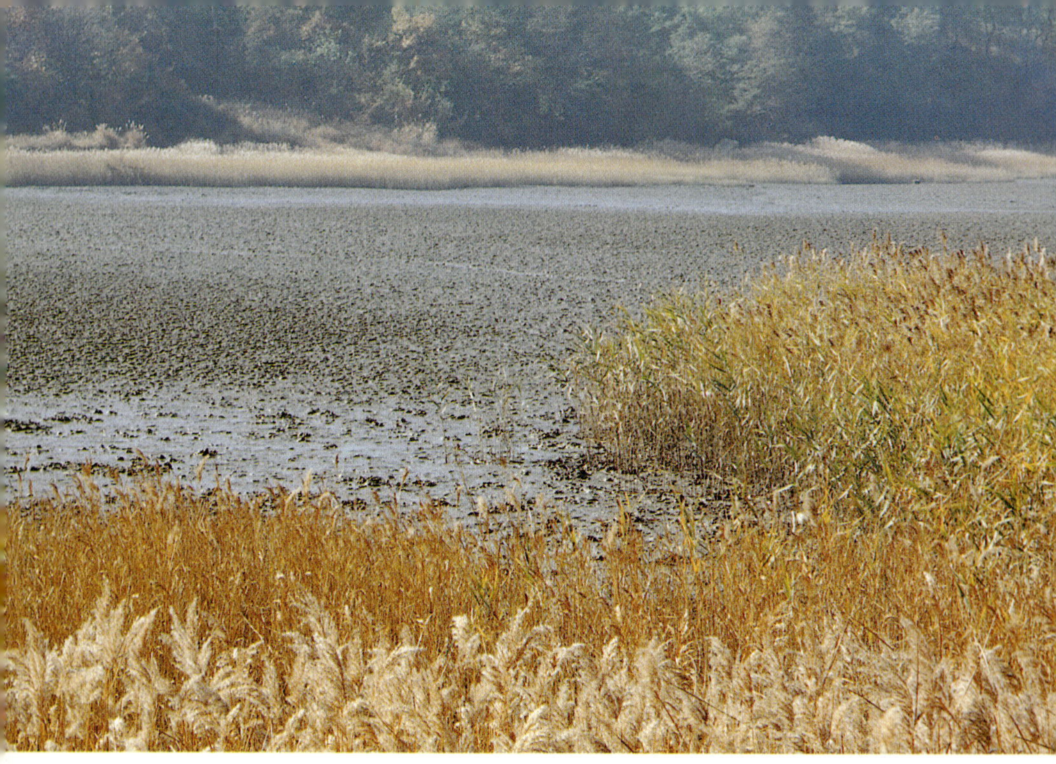

강화 동검도의 갈대밭 우리나라에서 특히 발달한 갈대밭은 수질 정화와 폐기물 처리, 부영양화 억제 등 환경을 정화하는 다양한 기능을 수행한다.

이며 그중에서도 수심이 50센티미터부터 지하 수위 20센티미터 사이에서 잘 자란다. 그러나 하천의 물의 흐름이 빨라서 토양이 불안정하고 교반되는 장소나 수위가 급격하게 변하는 장소에서는 갈대 군락을 볼 수 없다.

또한 갈대는 펄이나 유기물이 풍부한 담수나 기수 지역에 생육하기 때문에 영양이 심하게 부족한 곳에는 분포하지 않는다. 내염성(耐鹽性)이 상당히 강하며 담수에서 기수 지역에 이르기까지 염분 농도가 넓은 범위에 걸쳐 자란다. 바로 이러한 특성으로 부들이나 줄이 들어갈 수 없는 염성 습지에서 광대한 군락을 형성하며, 모든 식물들에게 일반적으로 유해한 황화수소나 암모니아 화합물 등도 갈대의 생육에 별로

해를 끼치지 않는 것으로 보고되어 있다.

갈대는 일단 군락으로 정착하면 조건이 좋은 장소에서는 최고 3미터까지 높이 자라며 밀도 역시 1제곱미터당 400개체 이상이 된다. 또 잎에서 용출되는 물질이 다른 종의 발아를 저해하여 타종의 침입이나 정착을 어렵게 만든다. 갈대가 생육하기 좋은 온도는 20~30도이며 pH는 3.6~8.6 정도이다. 또 칼슘이 많은 토양에서는 성장이 방해를 받는다고 한다.

갈대의 지하줄기는 수직 방향으로 성장하는 것과 수평 방향으로 성장하는 것이 있다. 수평 지하줄기의 깊이는 보통 40~100센티미터이며 최대로 지하 2미터 이상까지 자라는 것도 있다.

지하줄기에는 통기 조직(通氣組織)이 잘 발달하며 지상부의 잎이나

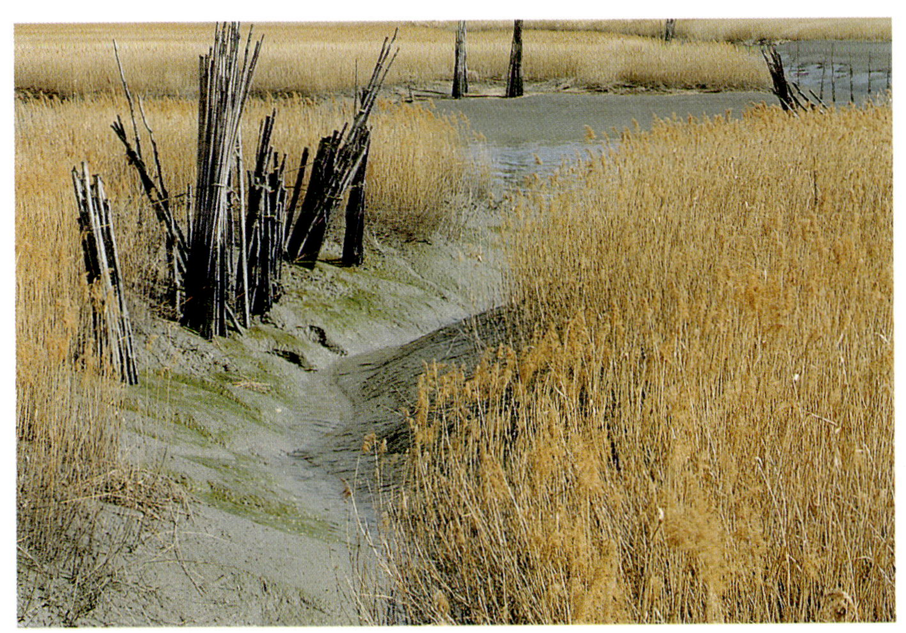

순천 대대동의 갈대밭　순천만 동천 하류의 13만 평에 달하는 갈대밭은 주변의 광활한 갯벌과 함께 꼭 보존하여야 할 귀중한 해안 습지이다.

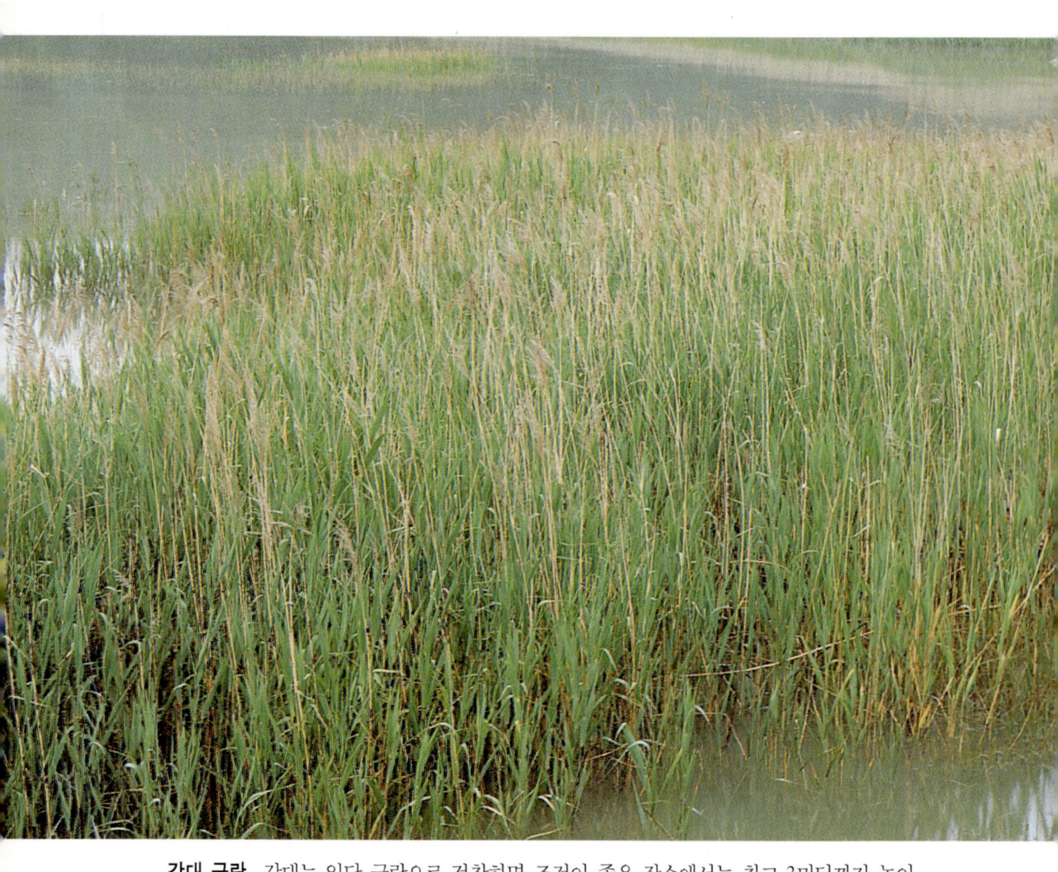

갈대 군락 갈대는 일단 군락으로 정착하면 조건이 좋은 장소에서는 최고 3미터까지 높이 자라며 밀도 역시 1제곱미터당 400개체 이상이 된다.

줄기 또는 고사된 줄기를 통해 대기 중의 산소가 뿌리로 보내지기 때문에 침수되어 환원 상태에 있는 토양에서도 충분히 생육할 수 있다.

또 뿌리에서 산소를 방출하여 주위의 환원 상태에 있는 토양을 산화시킴으로써 식물 뿌리로부터 2, 3밀리미터 영역인 근권(根圈)에 존재하는 미생물의 유기물 분해 활성을 촉진하는 효과도 있다. 갈대는 주로 영양 생식으로 번식하며 파랑 등에 의해 지하줄기가 찢어지거나 확산되어 새로운 군락이 형성되기도 한다.

지하줄기에 저장되는 전분량(澱粉量)은 가을에 최대가 되며 새싹의 형성이나 초봄의 급성장으로 소비되어 감소한다. 한편 잎과 줄기에 포함되어 있는 질소와 인의 함량은 5월에 최대가 되고 그 후 감소한다. 질소와 인은 겨울철이 되면서 일부가 지하부에 재분배되는데 고사된 잎과 줄기에서도 녹아 나간다. 구리나 카드뮴, 납 등의 중금속은 주로 뿌리에 축적되기 때문에 지상부로 옮아가는 경우는 적다고 한다. 이렇게 갈대는 식식 그 자체가 영양염류나 중금속 등의 물질 순환에 있어서 대단히 중요한 위치를 차지한다.

우리나라 하구역의 갈대밭은 모래가 다소 섞인 모래펄갯벌로 조간대의 최상부 지역에 위치하며 방게와 넓적콩게 등이 가장 우점적으로 서식한다. 이 중에서도 방게가 더 우점적으로 나타나는데 민물의 갈대숲에는 살지 않으며 주로 민물과 바닷물이 섞이는 기수역의 갈대숲에 한정 서식한다.

방게는 평균 지름이 3센티미터 정도이고 깊이가 15센티미터 정도로 비스듬하게 땅굴을 파고 살며, 보통 하나의 구멍에 한 개체가 들어가 있다. 강화도 동남부 갯벌에서 조사된 결과를 보면 1제곱미터당 20개 정도의 방게 구멍을 흔하게 관찰할 수 있으며 많은 장소에서는 36개나 볼 수 있다. 방게의 땅굴은 조석의 영향을 받는 장소에서는 밀물이 들어오면 붕괴되고 물이 빠지면 다시 형성된다.

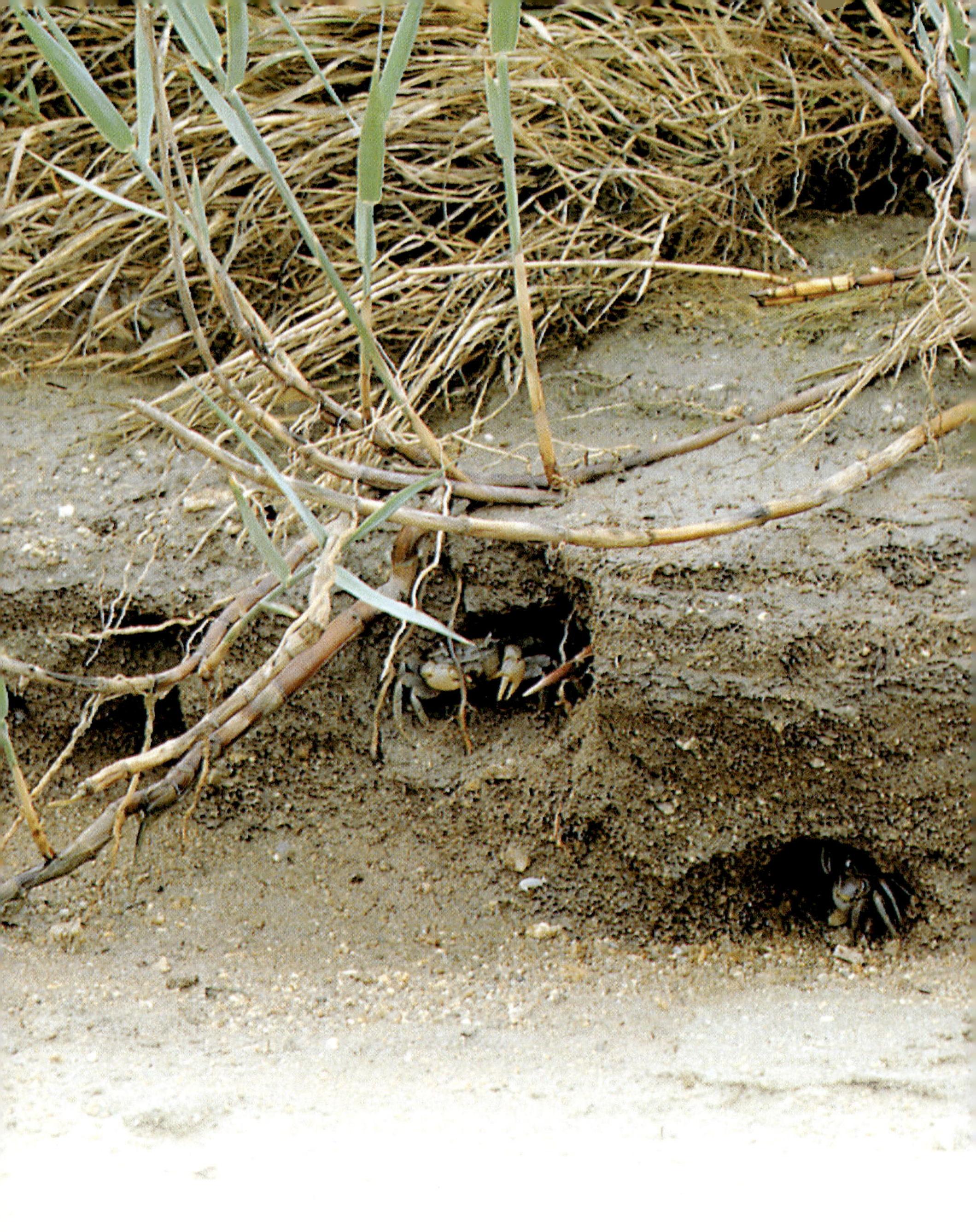

갈대밭의 방게 기수역의 갈대밭에 땅굴을 파고 서식하는 방게는 하루에 두 번씩 굴착 활동을 하여 하구역 생태계의 물질 순환에 중요한 역할을 담당하는 갈대밭의 파수꾼이다.

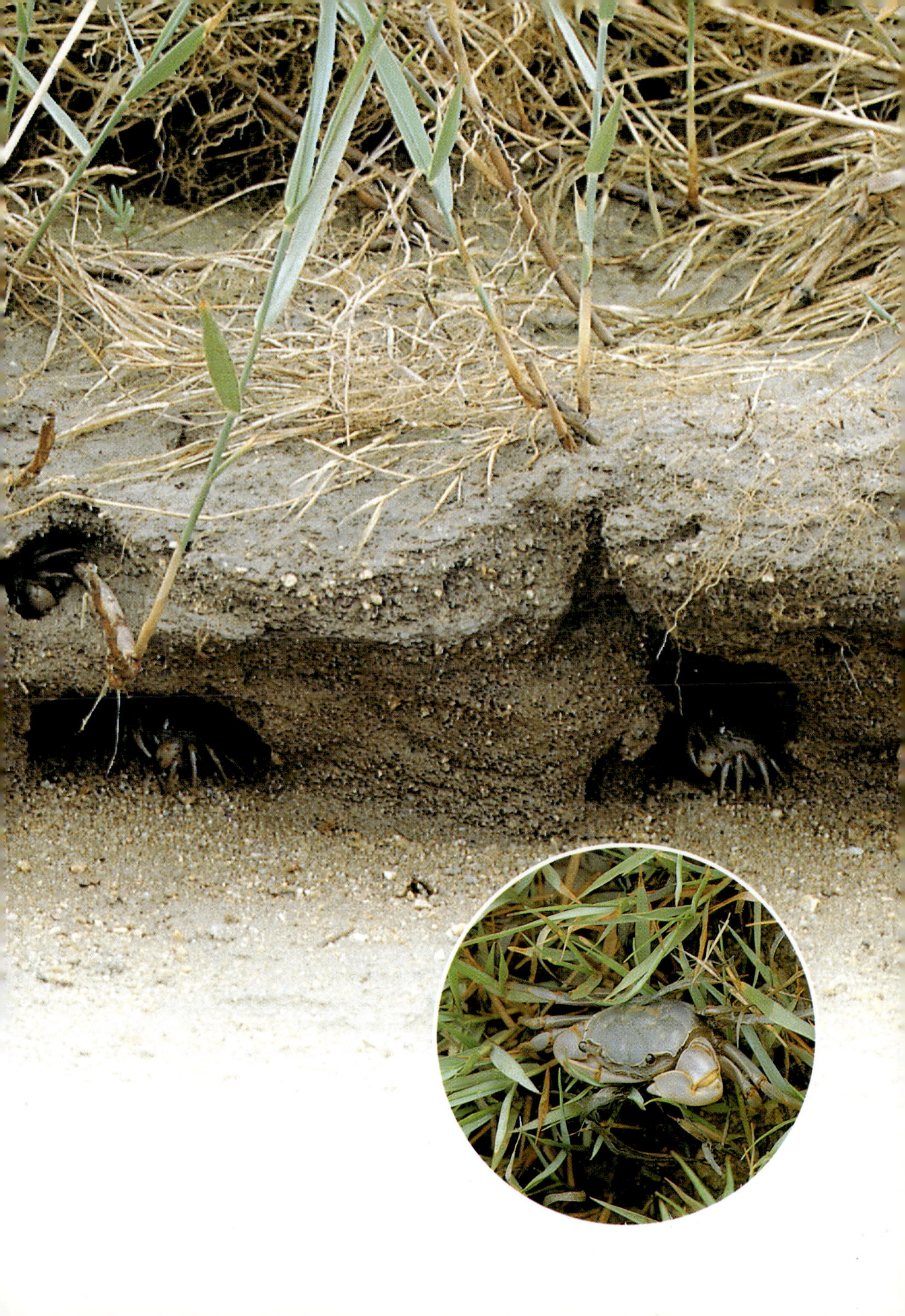

따라서 갈대숲의 토양은 조석의 주기에 따라 하루에 두 번씩 방게의 굴착 활동으로 끊임없이 밭갈이되는 셈이다. 이렇게 방게는 '땅굴파기에 의해 해저 퇴적물의 수직 교반을 유발하고 그 과정을 통해 갈대 잎사귀가 토양으로 파묻히고 세편화(細片化)된다'는 일련의 생태학적인 과정을 일으킨다. 만약 토양 속의 갈대 고사체가 미생물에 의해 무기화(無機化)된다면 밀물을 따라 수계로부터 공급되는 무기 영양염류와 함께 갈대에 흡수되어 체내에 축적될 것이다.

결과적으로 갈대숲은 갈대 그 자체와 줄기에 부착된 생물이 영양염류를 흡수하고, 퇴적물 속 근권에서 미생물이 질산염을 대기 중의 질소로 바꾸는 탈질 작용(脫窒作用)을 하는 등 다양한 생물적 여과 기능을 수행한다. 이러한 갈대의 환경 정화 기능을 이해한다면 남아 있는 우리 해안의 갈대숲을 더 이상 파괴하여서는 안 될 것이다.

사니질/이사질 모래와 펄이 섞여 있는 혼성 퇴적물을 표현하는 데 쓰이며 펄 함량이 모래보다 더 많으면 사니질(砂泥質, sandy mud), 반대로 모래가 펄보다 더 많으면 이사질(泥砂質, muddy sand)이라 한다.

광염성/광온성 지구상의 모든 생물은 자기가 견뎌낼 수 있는 다양한 환경 요인의 범위를 갖는다. 해양 생물 가운데 넓은 염분 농도의 범위에 잘 견디는 성질을 광염성(廣鹽性)이라 하고 넓은 범위의 온도에 잘 견디는 성질을 광온성(廣溫性)이라 한다.

바다를 풍요롭게 하는 갯벌 생물

갯벌의 생물들은 해양과 육지가 맞닿은 접점에 서식하기 때문에 조석과 파랑, 폭우 그리고 육상으로부터 담수의 유입 등 상당히 열악한 환경 조건을 극복해야 한다.

홍수가 나면 상류에서 운반된 토사로 매립되고 매몰된 생물은 산소 부족으로 죽음의 위기에 처하며, 파랑이나 조석으로 나타나는 조류는 생물을 본래의 서식지에서 외해역이나 다른 장소로 운반한다. 또 여름철 간조 때에는 고온과 건조에 견뎌야 하고 겨울철에는 심한 추위와 동결이 덮친다.

이러한 물리적 환경의 극심한 변동은 조하대로부터 갯벌에 침입하는 생물을 제한하고 갯벌 생물의 생활을 제어한다. 그렇기 때문에 갯벌에 특유한 성질과 생활형을 갖는 생물 군집을 발달시키는 원인이 되기도 한다. 따라서 갯벌의 생물상은 일부 한정된 종(種)이 탁월하게 나타나는 특징을 보이며 열악한 환경 조건 때문에 종의 다양성이 전반적으로 낮다.

생존 전략의 관점에서 보면 대체로 크기가 작고 짧은 생활사를 가지며 단기간에 번식이 가능한 생물종이 많다. 갯벌 생물의 개체군의 크기

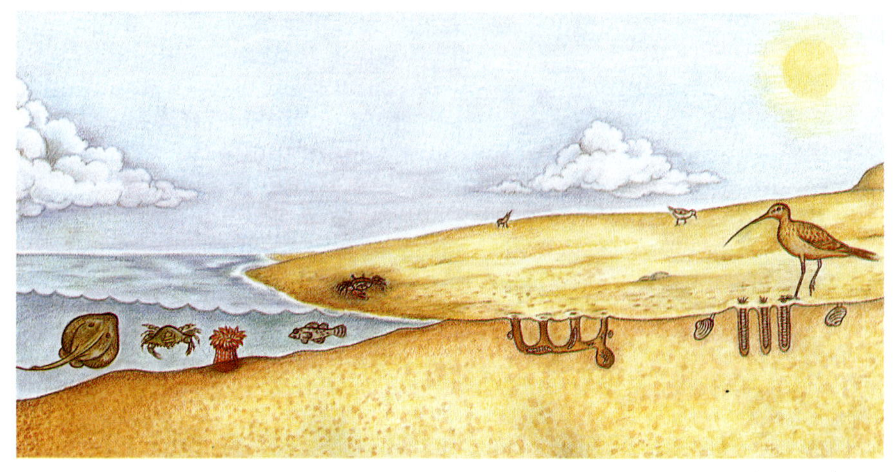

갯벌 생태계를 이루는 주요 구성원들의 서식 형태 갯벌에는 땅굴을 파는 동물들과 그 속에 더불어 사는 생물들, 서관을 만드는 갯지렁이류 이외에도 말미잘, 조개류, 하향 포식자인 바다새와 상향 포식자인 저어류(底魚類), 대형 게 등이 서식한다. (Peterson, 1991)

는 시공간적으로 심하게 변동하며 낮은 경쟁 능력과 높은 번식률 등의 특징을 갖는 종이 많다.

갯벌 생물의 대표적인 구성원으로는 저서동물 외에도 외부로부터 주기적으로 방문하는 내방객이 있다. 갯벌의 먹이 사슬에서 상위에 있는 어류나 바다새 그리고 대형의 포식성 무척추동물이 여기에 해당한다. 이들은 크기가 대형이고 생활사가 길며 느린 성장과 낮은 번식률 등이 특징이다.

하지만 갯벌은 해양 환경 중에서 가장 높은 생산력을 가진 장소로 알려져 있다. 갯벌에 서식하는 생물의 종수는 암초 해안에 비하면 빈약하지만 일단 이러한 환경에 적응하는 데 성공한 생물들은 풍부한 먹이 환경 덕택에 크게 번창한다. 이것은 갯벌이 어업이나 양식의 장으로 널리 이용되어 온 것을 통해서도 알 수 있다.

저서동물의 분류

　저서동물은 몇 개의 그룹으로 나눌 수 있는데 그 분류 방법에는 첫째 생물의 분류학적 방법인 계통 관계에 의해 문(門)이나 강(綱)으로 나누는 방법이 있고, 둘째로 몸의 크기에 따라 나누는 방법과 셋째로 서식 형태에 따라 나누는 방법 등이 있다.

생물 계통에 따른 분류

　현재까지 지구상에 서식한다고 알려진 120만여 종의 33개 동물문 가운데 32개 동물문에 속하는 생물들이 바다에서 나타난다. 그 가운데서도 빗해파리나 조개사돈, 성게나 불가사리 등이 속하는 15개 동물문의 동물들은 오직 바다에서만 나타나며 그 밖에 해면이나 산호, 이끼동물 등도 거의 전체 종수의 95퍼센트 이상이 바다에서 난다. 이와 같이 해양은 매우 다양한 생물들을 수용하는 생명의 온상이고 생물의 보고이다. 그래서 이들을 부양하는 서식처도 다양하다.

　이렇게 다양한 분류군 중에서 갯벌 생태계 내에서 가장 우점하는 동물 그룹은 환형동물문(Phylum Annelida)의 갯지렁이류, 연체동물문(Phylum Mollusca)의 조개류와 고둥류 그리고 절지동물문(Phylum Arthropoda)의 게나 새우류가 속하는 갑각류 등 3개의 동물군이다. 이들은 전체 갯벌 동물의 90퍼센트 이상을 차지한다. 그 밖에도 성게나 해삼 등의 극피동물문(Phylum Echinodermata)과 히드라나 말미잘 등이 속하는 자포동물문(Phylum Cnidaria)이 있다. 대체로 이러한 생물종의 구성은 갯벌이 아닌 조하대의 연성 저질에서도 비슷한 양상으로 나타난다.

　갯지렁이류　다모류(多毛類)라고도 하며 거의 모든 종류가 바다에서 산다. 현재 지구상에는 1만여 종이 있으며 우리나라에는 280여 종이

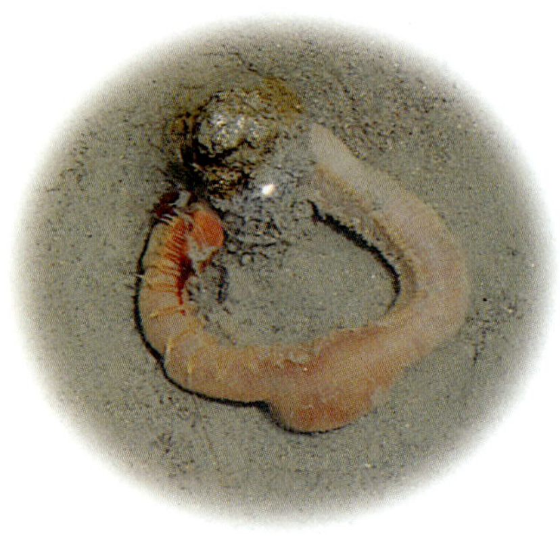

괴물유령갯지렁이 서해 중부 연안의 갯벌에서 가장 흔하게 발견되는 관서다모류이다. 몸은 좌우 대칭이고 긴 원통형이며 안쪽과 바깥쪽 모두 마디가 있는 체절성이다.

보고되었다.

몸은 좌우 대칭이고 긴 원통형이면서 안쪽과 바깥쪽 모두 마디가 있는 체절성(體節性)이다. 머리는 입앞마디와 입마디로 되어 있는데 입앞마디에는 점 모양의 시각기인 안점(眼點)과 촉수, 촉염 등이 있다.

촉각을 맡고 먹이를 잡는 역할을 하는 촉수는 종류에 따라 일부 퇴화되거나 변형되었고, 입마디의 배(腹) 쪽에는 입과 입마디 촉사가 있다. 몸에는 똑같은 체절이 수없이 많은데 이를 동규적 체절이라 하며, 각 체절에는 한 쌍의 특유한 신관(腎管)이 있어 배설 작용을 한다. 또 각 체절의 좌우에 있는 옆다리(側脚)에는 운동 기관인 강모(剛毛)와 족극(足棘) 그리고 감각 기관인 감촉수, 아가미 등이 있다.

몸의 표면은 상피 세포를 덮는 굳은 막인 큐티쿨라(cuticula)로 덮여 있고 그 안쪽에 외피와 근육층이 있으며 몸의 가운데에 소화관이 앞뒤로 뻗어 있다. 호흡은 피부로 하지만 아가미를 가지는 종류도 있다. 일반적으로 생식기는 특유한 체절에 발달하는 경우가 많으며 보통은 암수딴몸이다. 알에서 부화되어 담륜자(trochophora)라는 부유 유생 시기를 거친다.

우리나라 갯벌에서는 참갯지렁이, 흰이빨참갯지렁이, 두토막눈썹참갯지렁이, 바위털갯지렁이, 털보집갯지렁이, 괴물유령갯지렁이, 제물포백금갯지렁이 등이 가장 다양하게 나타나는 동물군이다.

연체동물 연체동물(軟體動物)이라 하면 그 어원에서 느낄 수 있듯이 '부드러운'이라는 말에서 유래한 것으로 조개, 고둥, 문어, 오징어 등을 포함하며 체제(體制)의 변화가 많은 동물군을 말한다. 현재 세계적으로 5만여 종이 있다.

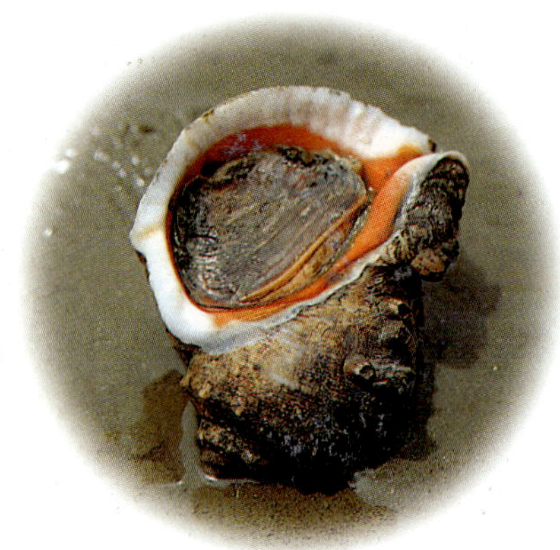

피뿔고둥 조가비가 두껍고 단단하며 보통 주먹 모양이다. 우리나라 서남해안의 조간대부터 수심 20미터 사이의 모래나 펄 바닥 또는 바위 밑에 산다.

몸은 좌우 대칭이며 머리, 발, 몸통, 외투막(外套膜)의 네 부분으로 구성되는데 대부분 외투막에서 분비된 조가비가 있다. 몸의 앞 부분에는 입과 눈, 그리고 촉

삭이 있는 머리가 있고 봄통은 발의 등쪽에 있는데 부풀어 올라 커진 내장낭(內臟囊)을 이루며 이 안에 생식소와 내장 기관이 있다.

내장낭과 족부를 덮고 있는 것을 외투막이라 하고 외투막과 내장낭 사이의 빈 공간을 외투강(外套腔)이라 한다. 여기에 아가미가 있고 항문, 배설기, 생식기가 있다. 발은 특별히 잘 발달된 근육으로 되어 있고 먹이를 잡거나 이동하는 데 쓰이며 몸통과 명백한 경계가 없는 것이 많다. 갯지렁이류와는 달리 마디가 전혀 없다.

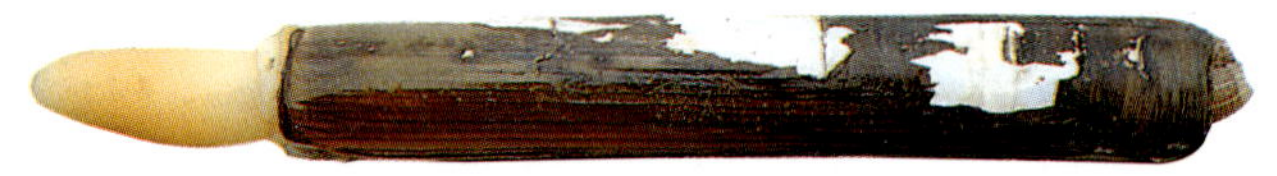

맛조개 가늘고 긴 장방형으로 길이는 약 6센티미터에 달하고 조가비는 깨지기 쉽다. 서해 중부 연안의 모래펄갯벌로 이루어진 조간대 중부에 많이 분포한다.

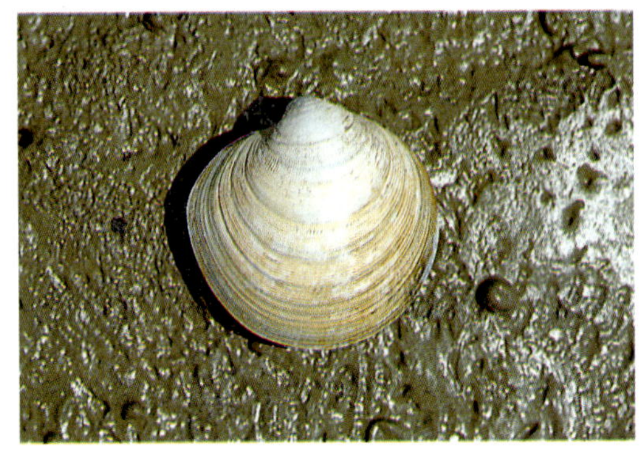

가무락 조가비의 모양은 떡조개와 비슷하나 더 부풀어 있고 색깔은 보통 흑자색이다. 두꺼운 조가비의 표면은 천의 결 모양이며 전국 펄갯벌의 상부에서 볼 수 있다.

연체동물은 대부분 암수딴몸이나 암수한몸인 것도 많다. 오징어나 문어류가 포함되는 두족류를 제외하고는 발생 때에 담륜자와 피면자 (veliger) 라는 부유 유생 단계를 거쳐 변태하여 성체가 된다. 연체동물은 종수가 절지동물 다음으로 많고 서식 범위도 높은 산에서 심해에 걸쳐 해수와 담수, 육상에 널리 분포한다. 따라서 형태와 생태가 다양하고 대부분 자유 생활을 하며 공생이나 기생을 하는 것도 많다.

수산업에 중요한 고둥류, 조개류, 두족류가 여기에 속한다. 우리나라 갯벌에서 흔하게 관찰할 수 있는 종류로는 백합, 피조개, 고막, 바지락, 가무락, 맛조개, 동죽, 개량조개, 굴, 홍합, 참고둥, 큰구슬우렁이, 대수리, 낙지, 주꾸미 등 다양하다.

갑각류 갑각류는 게, 새우, 집게, 가재 등 주로 물 속에 사는 절지동물을 포함한다. 대부분 바다에서 살지만 민물에 사는 종도 많다. 현재 세계적으로 3만 2천여 종이 알려져 있다.

몸은 체절로 구성되고 머리, 가슴, 배의 세 부분이 뚜렷하나 머리와 가슴이 서로 붙어 두흉부를 형성하며 대부분 등딱지인 갑각(甲殼) 으로 덮여 있다. 머리 부분에는 감각기로 작용하는 두 쌍의 촉각과 먹이를 잡는 구기(口器) 라는 부속지(附屬肢) 가 있다. 가슴과 배에는 걷거나

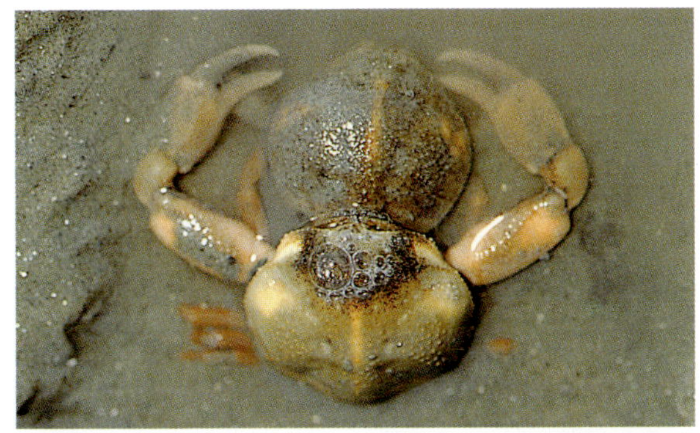

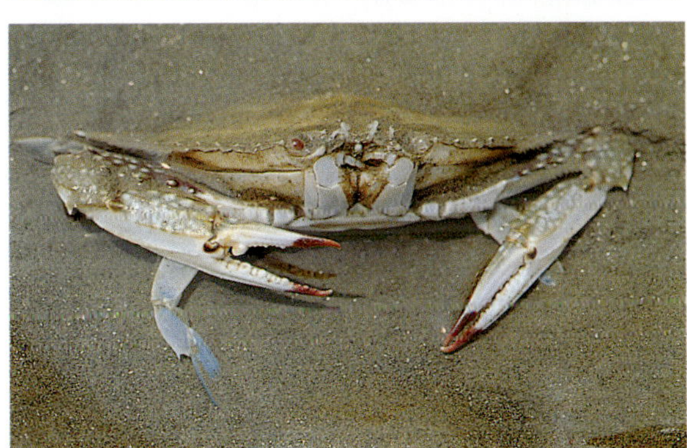

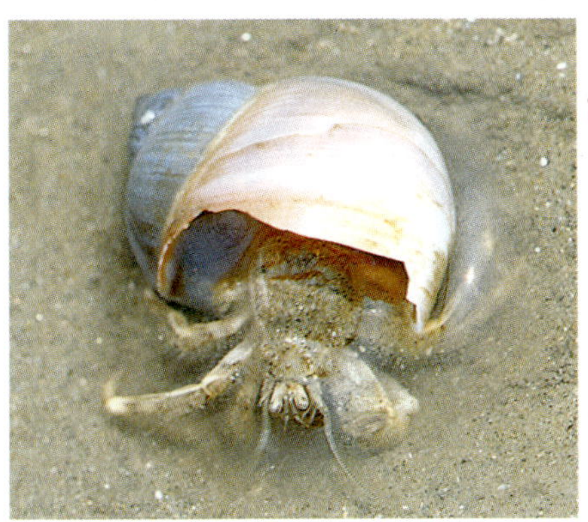

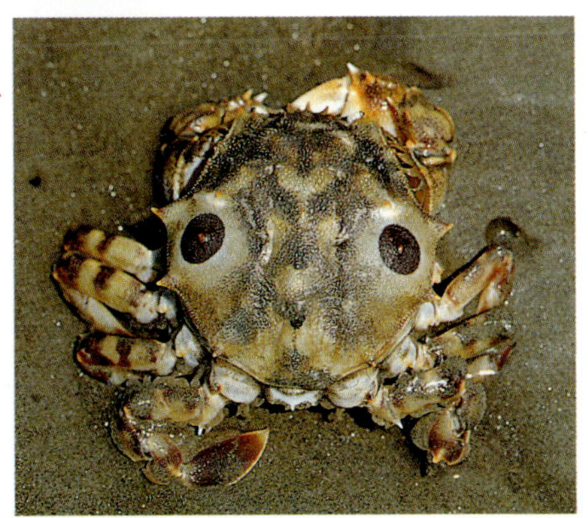

넓적왼손집게 우리나라 서해 갯벌에서 가장 흔하게 발견되는 집게류이다. 조수가 빠지고 나면 모래펄 속으로 잠입하며 성체의 왼손 바깥면에는 말미잘이 부착하여 공생하기도 한다.

범게 전세계에서 황해에만 분포하기 때문에 보존이 필요한 종이다. 등딱지와 다리는 연한 황색이며 등쪽 아가미 구역에 있는 한 쌍의 둥근 무늬와 다리의 가로 무늬는 적자색이다.

헤엄을 치기 위한 다리가 있으며 그 수나 발달 정도는 무리에 따라 다르다.

소형의 갑각류는 특별한 호흡기가 없고 몸의 표면이나 항문으로 산소 교환을 하며 대형의 무리는 아가미를 가지고 있다. 그리고 몸통은 얇은 막상의 키틴질이나 두꺼운 탄산칼슘이 쌓여 있는 외골격으로 덮여 있어 성장을 하려면 탈피를 통해 딱딱한 껍데기를 벗어야만 한다.

단미류(短尾類)인 게 종류는 등딱지가 매우 발달되어 있고 배는 등딱지의 하부에 구부러져 안겨 있다. 촉각은 조그마하게 등딱지의 앞쪽에 있는데 잘 관찰하지 않으면 놓치는 경우가 많다. 제일 앞쪽의 다리는 집게처럼 생겨 먹이를 잡거나 같은 종끼리 신호하기 위하여 소리를 내는 데 사용할 수도 있다. 갑각의 등쪽에는 내장의 위치에 대응하여 다양한 융기를 볼 수 있다.

꽃게류는 제일 뒷다리의 선단이 원반 모양으로 되어 있어 수중을 헤엄치는 데 적합하다. 알에서 막 나온 유생은 노플리우스(nauplius), 조에아(zoea), 메갈로파(megalopa)라는 플랑크톤 생활을 하는 부유 유생 시기를 거치면서 탈피, 변태하여 새끼 게가 된다.

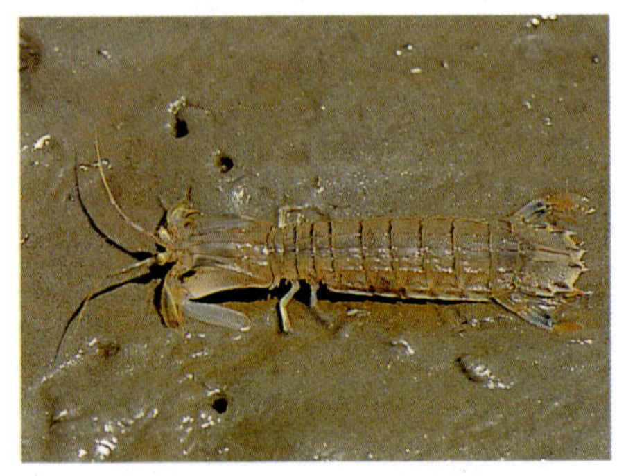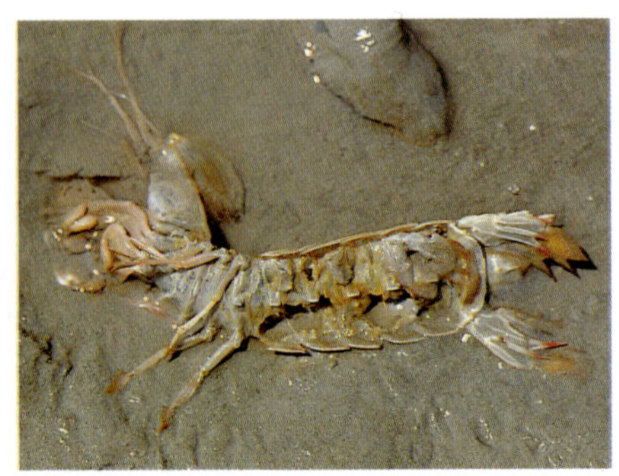

갯가재 몸 길이는 약 15센티미터까지 성장하며 서남해안의 모래펄 바닥에 구멍을 파고 산다. 작은 갑각류나 갯지렁이, 어류 등을 먹는 육식성이다. 오른쪽은 갯가재의 탈피각이다.

갑각류에는 갯벌에서 흔히 볼 수 있으며 산업적으로도 중요한 종이 대단히 많다. 대표적으로 보리새우, 대하, 밀새우, 꽃게, 민꽃게, 밤게, 칠게, 농게, 쏙, 쏙붙이, 따개비, 바위게 등이 있다.

극피동물 불가사리와 성게, 해삼 등을 포함하는 극피동물(棘皮動物)은 석회질의 딱딱한 골격으로 되어 있다. 몸은 방사 대칭형이고 현재 전 세계적으로 7천여 종이 보고되어 있다. 모두가 비디에 시는데 바다나리처럼 자루를 가지고 고착 생활을 하는 송류도 있지만 그 밖의 다른 종류들은 모래나 펄 속에서 이동하며 생활한다.

대부분이 암수딴몸이고 플루테우스(pluteus), 비핀나리아(bipinnaria), 아우리쿨라리아(auricularia) 등 독특한 모양의 부유 유생 시기를 보낸다.

우리나라의 갯벌에서는 아무르불가사리, 별불가사리, 긴팔거미불가사리, 가시닻해삼류 등이 흔하게 보이며 재생력이 강하다. 특히 우리나라 조간대 하부의 모래펄 속에 가시닻해삼이 대단히 많이 나는데 생태학적으로도 매우 중요한 종이다.

자포동물 산호, 해파리, 히드라, 말미잘 등의 자포동물(刺胞動物)은 대부분 바다에 살며 히드라충류의 일부만 기수나 민물에 산다. 세계

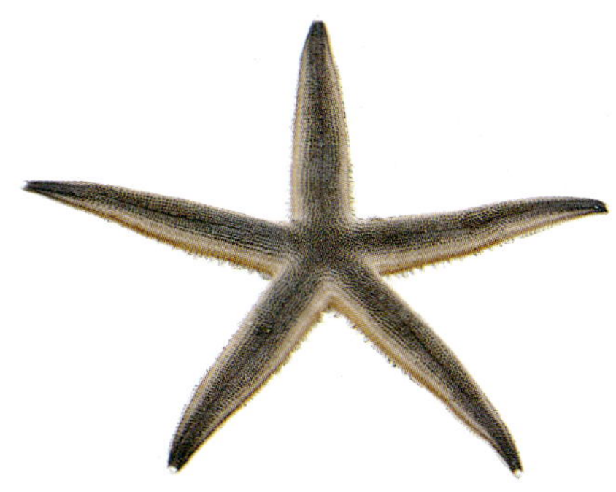

검은띠불가사리 우리나라 모든 연안의 천해에서 모래나 모래펄 바닥에 산다.

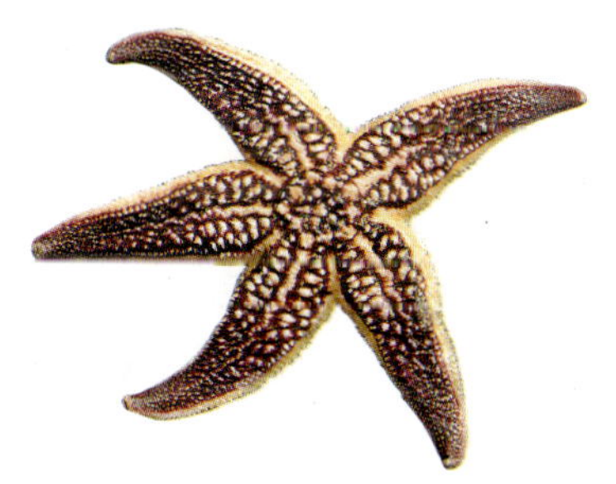

아무르불가사리 우리나라의 모든 연안에서 가장 흔한 종으로 포식성이 매우 높아 특히 양식 어민들에게 골칫거리이다.

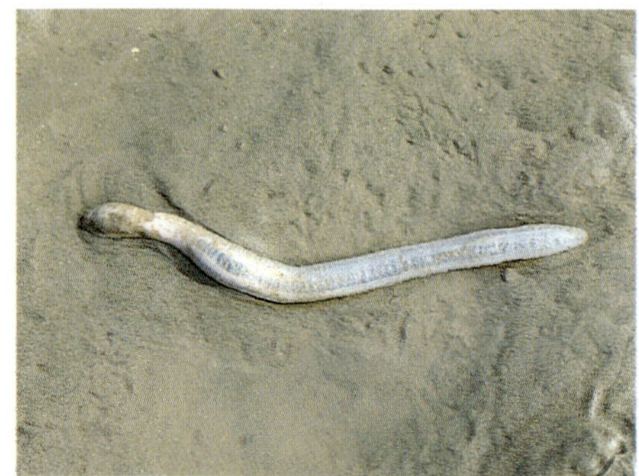

가시닻해삼 우리나라 조간대 하부의 모래펄 속에서 많이 나는 극피동물이다. 서관 속에 더불어 사는 많은 종류들이 있어 생태학적으로 매우 중요하다.

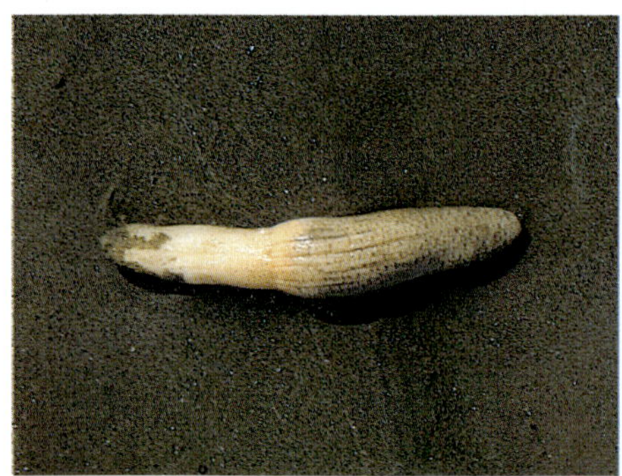

바다선인장 곤봉 모양으로 몸의 일부분을 모래나 펄 속에 파묻고 나머지 윗부분을 기질 위로 내밀고 생활한다.

적으로 9천여 종이 알려져 있으며 우리나라에서는 170여 종이 보고되었다.

자포동물의 몸은 방사 대칭이고 촉수와 자포를 가지고 있으며 고착성인 폴립(polyp)형과 부유하는 해파리형이 있다. 대표적인 자포동물인 말미잘은 몸의 구조가 간단하고 부드러우며 입은 항문의 역할을 함께 수행한다. 갯벌에서 볼 수 있는 대형 저서동물 중에서는 가장 하등한 부류에 속한다. 입 주위에는 자포를 구비한 촉수를 여러 개 가지고 있다. 갯벌에서 흔하게 발견할 수 있는 종류로는 측해변말미잘, 담황줄말미잘, 바다선인장, 바다조름류, 히드라충류 등이 있다.

크기에 따른 분류

 갯벌이나 해양의 밑바닥에 사는 생물은 그 크기가 매우 다양하다. 현미경적 크기인 극미소 저서생물도 있고, 일본의 사가미만이나 규슈 등지의 해역 수심 50~200미터 깊이에 사는 거대거미게처럼 등딱지가 38×29센티미터이고 다리 길이가 무려 3미터에 이르는 세계 최대의 갑각류도 있다.

 저서생물은 일반적으로 동물학적인 분류보다는 크기에 따라서 생태학적으로 분류하여 연구하는 경우가 많은데 크게 초대형 저서생물(megabenthos)과 대형 저서생물(macrobenthos), 중형 저서생물(meiobenthos), 소형 저서생물(microbenthos)로 구분된다. 저서동물은 모래나 펄에서 선별해낼 때 사용하는 정량 채집용의 체 구멍(그물코, 網目)의 크기에 따라 몇 단계로 구분되며 채집과 처리 방법도 각기 다르다.

 수산업적으로 중요한 종에는 주로 초대형 저서생물이 많이 포함된다. 이들은 대부분 먹이 사슬의 상위 단계인 포식자인 경우가 많고 소형의 저서생물 군집을 조절하는 기능을 가지고 있어 더욱 중요하다.

크기에 따른 갯벌 생물의 분류

구 분	크 기	보 기
초대형 저서생물 (megabenthos)	어망이나 트롤(trawl)로 채집하며 15밀리미터 정도의 그물코에 걸림	저어류, 꽃게류, 불가사리류 등
대형 저서생물 (macrobenthos)	1밀리미터 또는 0.5밀리미터의 체에 걸림	고둥류, 조개류, 갯지렁이류, 갑각류(게, 새우류, 단각류) 등
중형 저서생물 (meiobenthos)	1밀리미터 또는 0.5밀리미터의 체를 통과하고 0.1밀리미터의 체에 걸림	저서성 요각류, 선충류, 패충류, 복모동물, 편형동물 등
소형 저서생물 (microbenthos)	0.1밀리미터의 체를 통과함	부착 규조류, 박테리아, 원생동물, 완보동물 등

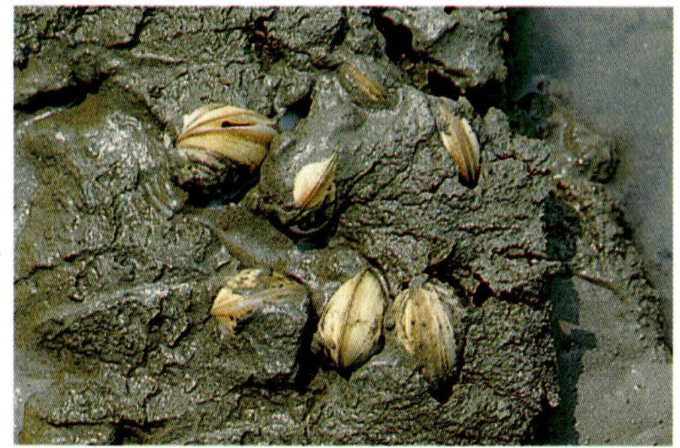

동죽 부유물식자인 동죽은 서해안 모래펄갯벌의 중부 조간대에 많으며 주로 식용으로 이용한다.

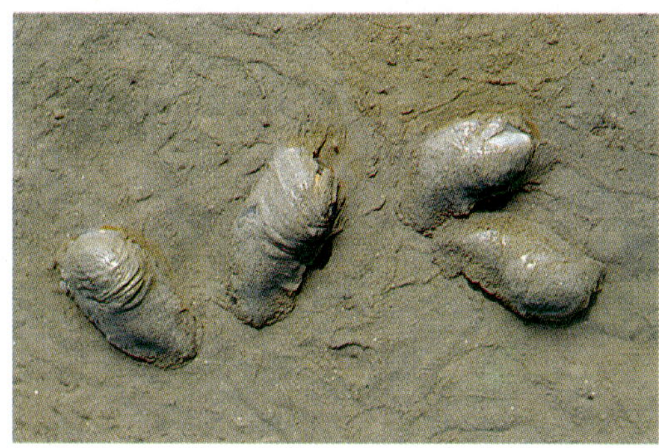

민칭이 서해 중부의 연안에서 가장 전형적인 퇴적물식을 하는 고둥류이다. 물이 빠지면 개펄 속으로 파고든다.

서식 형태에 따른 분류

저서생물은 그 생활형에 따라 모래나 펄, 암초 등 해저 기질의 표면에 사는 표생생물과 기질의 내부에 사는 내생생물로 대별된다. 그러나 실제로는 좀더 구체적인 표생 저서생물(epibenthos)과 내생 저서생물(endobenthos)이라는 용어를 쓰기도 한다.

갯벌에서는 종수에 있어서 표생동물보다는 내생동물이 훨씬 많다. 왜냐하면 표생동물은 간조 때 혹독한 기후 환경의 조건에 적응해야 하는 어려움이 있고 포식자에게 완전히 노출되어 있기 때문이다. 대부분의 조개류와 갯지렁이류, 가시닻해삼, 긴팔거미불가사리 등이 내생생

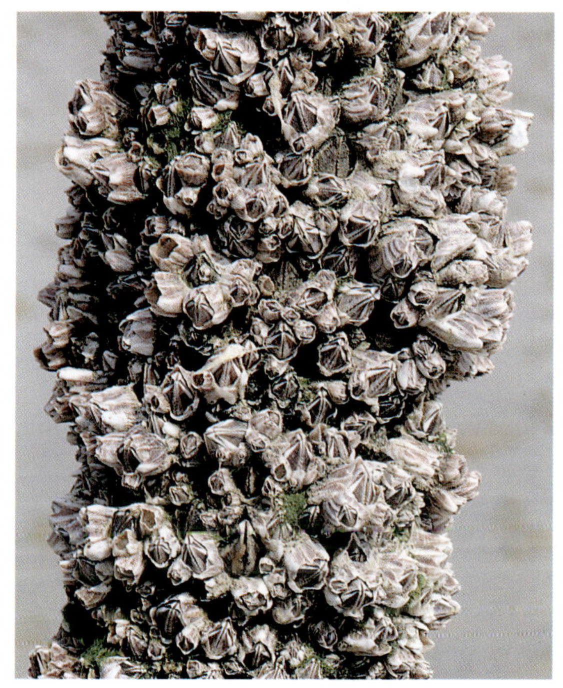

물에 해당되는데 바다선인장이나 키조개처럼 몸의 일부를 모래나 펄 속에 파묻고 나머지 윗부분을 기질 위로 내밀고 생활하는 반내생(半內生) 저서생물로 세분되기도 한다. 표생생물에는 굴이나 따개비, 대형 해조류(海藻類)처럼 이동성이 없는 것도 있으나 새우나 게, 불가사리처럼 자유롭게 움직여 다니는 것도 있다. 또 암반에 부착하는 종류라 하더라도 반드시 커다란 암초나 바위 등을 필요로 하는 것은 아니며 갯벌의 모래나 펄 바닥에 조가비나 조그만 자갈 등이 노출되어 있다면 이들을 기질로 하여 생활하는 경우도 흔하게 볼 수 있다.

대표적인 부착생물에는 굴, 홍합, 따개비, 히드라, 이끼벌레류(태형동물), 석회관갯지렁이류, 대형 해조류 등이 있다. 이와 같은 부착생물

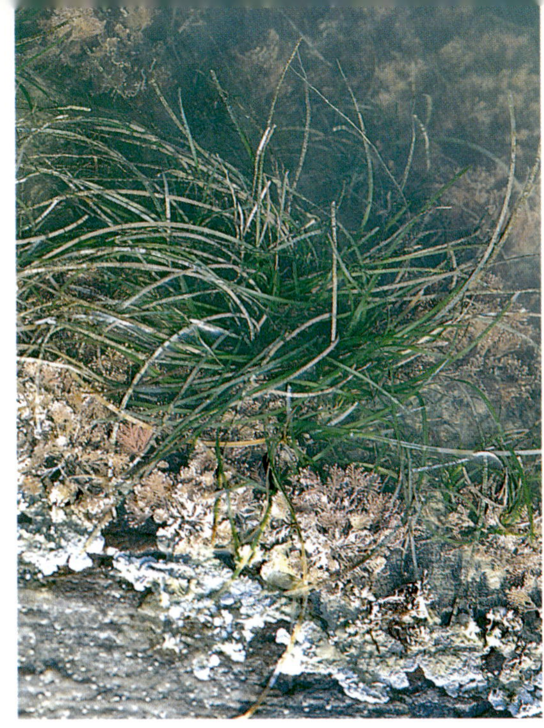

말잘피　해산 현화식물
의 한 종류인 말잘피는
바위 해안의 조간대 중
부 조수 웅덩이에서 많
이 분포한다.

에는 흔히 선박의 밑바닥이나 수중 구조물 등에 번식하여 피해를 끼치
는 오손생물(汚損生物)도 포함된다.

　해조류나 잘피류와 같은 대형 해산식물의 잎사귀 위에는 엽상생물
(葉上生物)이라고 하는 다양한 표생생물이 있는데 그 가운데 몇몇 히
드라충류의 유생은 특정 해조류에 함유되어 있는 화학 물질에 유인된
다고 한다.

저서동물의 생활

　갯벌은 밑바닥이 모래나 펄로 되어 있어 바위 해안에 비해 경사가 완
만하고 평탄하다. 또 몸을 숨기거나 도망칠 피난 장소가 없어 겉보기에

도 생물들은 잘 보이지 않고 실제로 다양하지도 않다. 암초 지대에는 바위 사이의 좁은 틈새와 파도가 직접 맞닿지 않는 바위 그늘이나 표면의 우묵한 곳에 많은 생물들이 몸을 숨기고 있다.

예를 들어 총알고둥이나 좁쌀무늬총알고둥은 바위 우묵한 곳의 약간 젖은 부분에 모이고 바위게는 바위의 틈새에 들어가 있다. 갯벌의 상부 지역에서도 암반이 있는 곳에는 틈새에 총알고둥이 몰려 있는 것을 흔히 볼 수 있다. 그러나 넓고 평평하여 은폐물이 적은 갯벌에 서식하는 생물들은 긴 진화의 역사를 통해 갖가지 생활 수단을 획득하며 그 준엄한 환경에 적응하여 왔다.

갯벌에 서식하는 생물이 획득한 첫번째 적응 수단은 모래나 펄 속에 파묻혀 생활하거나 서관을 만들어 그 속에 사는 것이다. 실제로 갯벌

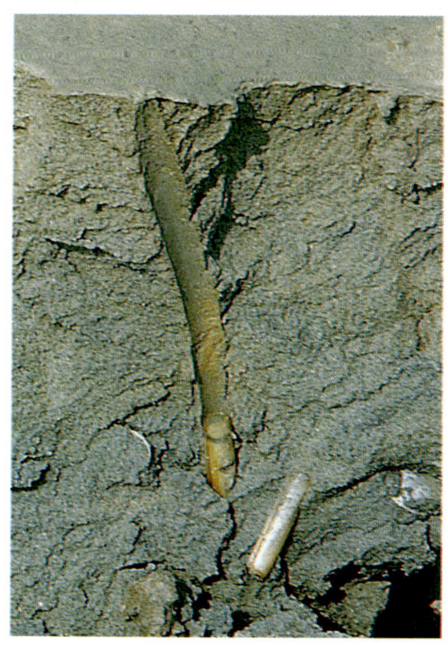

맛조개의 땅속 매몰 생활 맛조개는 단단하고 긴 발을 가지고 있어 펄 위에 놓으면 그 끝의 뾰족한 부분을 펄 속으로 넣고 다시 앞쪽 끝을 부풀게 하여 발을 움츠린다. 부푼 부분이 받침이 되어 긴 조가비는 펄 속으로 빨려 들어간다.

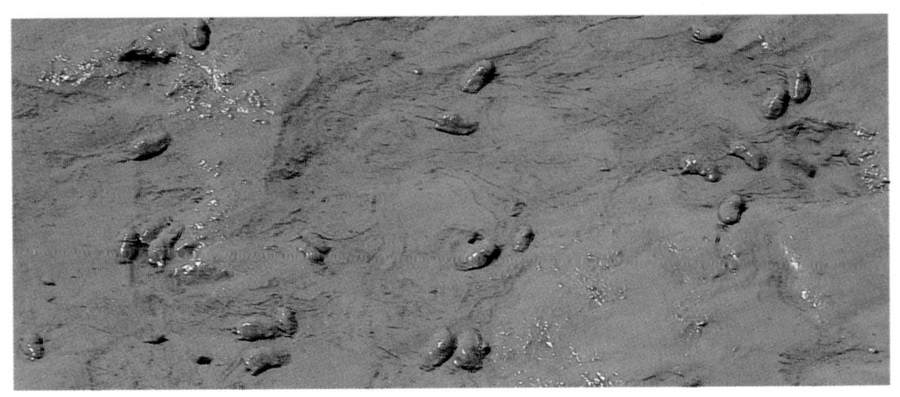

민챙이 조수가 밀려 나간 뒤 얼마 동안은 갯벌의 지표면에서 먹이를 취하지만 지표가 건조해지면 모래 속으로 잠입하여 버린다.

동물의 대부분은 모래나 펄 속에 구멍을 파고 매몰하여 생활하며 그 속에서 먹이를 취할 수가 있다. 갯지렁이류나 이매패류도 대부분 이러한 내생동물에 속한다. 물론 군데군데 자갈이나 조그만 암반, 말뚝 등에 착생하는 부착생물도 있지만 이 무리는 바위 해안에 비하면 매우 적다. 이러한 내생동물들의 생활을 상세히 살펴보면 다음과 같이 몇 개의 유형으로 구분할 수 있다.

조개류와 고둥류의 땅속 매몰 생활

첫번째 유형은 대부분의 조개류처럼 모래나 펄 속에 자신의 몸을 매몰만 하고 있는 동물이다. 바지락은 마치 도끼처럼 생긴 발을 사용하여 모래 속으로 재빨리 잠입할 수 있다. 인천 주변 펄갯벌에서도 흔하게 볼 수 있는 맛조개는 단단하고 긴 다리를 가지고 있어 펄 위에 놓아 주면 그 끝의 뾰족한 다리를 펄 속으로 넣고 다시 그 앞쪽 끝을 부풀게 하여 다리를 움츠린다. 부푼 부분이 받침이 되어 긴 조가비는 펄 속으

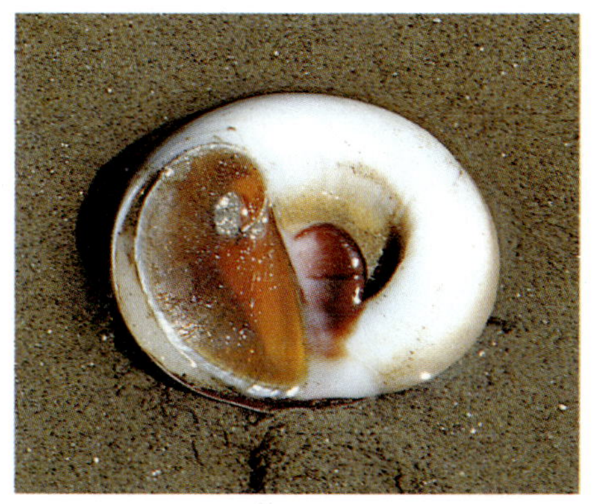

큰구슬우렁이 조가비의 표면이 항상 모래로 문질러져 평평하고 미끄럽다. 치설(齒舌)을 이용하여 주로 조개나 다른 고둥을 포식한다.

로 빨려 들어간다. 이러한 동작은 불과 수십 초 사이에 일어난다.

조개류는 2개의 조가비를 가졌다고 하여 이매패류라고 하며 도끼 모양의 뾰족한 발을 가지고 있어 부족류(斧足類)라고도 한다. 이것은 갯벌의 모래나 펄 속으로 파고드는 생활에 적응한 좋은 예이다. 현재까지 우리나라에서 나는 이매패류는 대략 250여 종이 있는데 종류에 따라 서식처와 서식 방법, 서식하는 모래나 펄의 깊이가 각기 다르다. 바지락이나 대합 등은 10센티미터 정도까지 잠입하나 보통은 5센티미터 정도의 깊이에 머물며 입수관과 출수관을 퇴적물의 표면으로 내뻗고 해수를 체내로 빨아들인다. 이매패류는 이러한 방법으로 모래나 펄 속에 매몰된 상태로 있으면서 아가미를 통해 수중의 산소를 얻어 호흡하고 먹이를 걸러 취할 수가 있다.

고막이나 피조개의 무리는 수관이 아주 짧아 조가비 밖으로 돌출시킬 수가 없기 때문에 서식하는 깊이가 얕고 조가비 자체를 갯벌 표면으로 내놓는 경우도 많다. 한편 떡조개나 우럭은 매우 기다란 수관을 가지고 있어 서식 심도가 30센티미터에 달할 정도로 깊다. 우럭의 수관은 아주 길고 단단하며 검은 각피(殻皮)를 쓰고 있고 체내에서 수관이

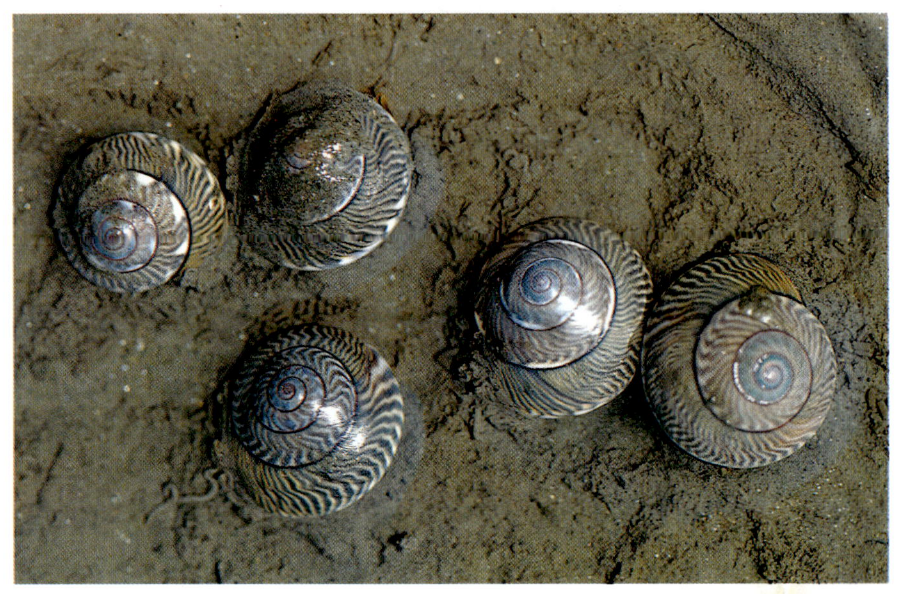

서해비단고둥　우리나라 서해의 모래펄 또는 모래갯벌에서 표층 퇴적물식을 하는 고둥류이다. 장소에 따라서 엄청난 밀도로 서식한다.

차지하는 비율이 대단히 크다.

복족류에 속하는 큰구슬우렁이나 흰민칭이도 모래나 펄 속에 매몰하여 생활하면서 먹이가 되는 이매패류를 찾아 잠행한다. 그 때문에 큰구슬우렁이의 조가비는 항상 모래로 문질러져 표면이 평평하고 미끄럽다. 따라서 표면에는 각피나 해조류도 부착되지 않고 매끈하다.

갯고둥이나 왕좁쌀무늬고둥, 민칭이 따위도 조수가 밀려 나간 뒤 얼마 동안은 갯벌의 지표면에서 먹이를 취하지만 지표가 건조해지면 모래 속으로 잠입하여 버린다. 갑각류에 속하는 밤게도 갯벌 표면이 건조해지면 모래 속으로 들어가며 등각류에 속하는 파란투라는 항상 모래 속에 잠입하여 생활한다.

또 바닷물이 얕게 고인 곳에 아름다운 촉수를 꽃 모양으로 펼치고 있는 측해변말미잘은 조수가 빠지고 지면이 건조해지면 촉수를 퇴적물 속으로 당기면서 몸체를 움츠리고 모래 속으로 잠입한다. 건조의 정도에 따라 그 깊이가 다른데 깊이 잠입하면 10센티미터 이상이나 파고 들어간다.

게들의 땅굴 생활

두 번째 그룹은 단순히 몸체를 파묻는 것이 아니라 적극적으로 땅굴을 파고 갱도 속으로 도피하는 동물군인데 주로 게 종류에서 볼 수 있

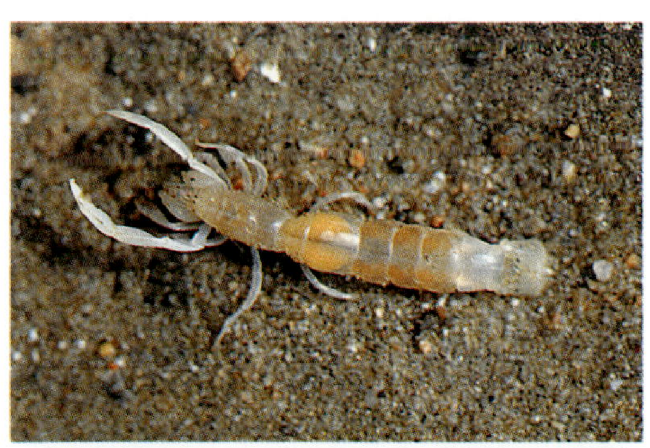

쏙붙이 주로 모래펄갯벌에 서식하는 쏙붙이의 땅굴은 갯지렁이나 조개류처럼 공생하는 생물들에게 주거 공간으로 제공된다.

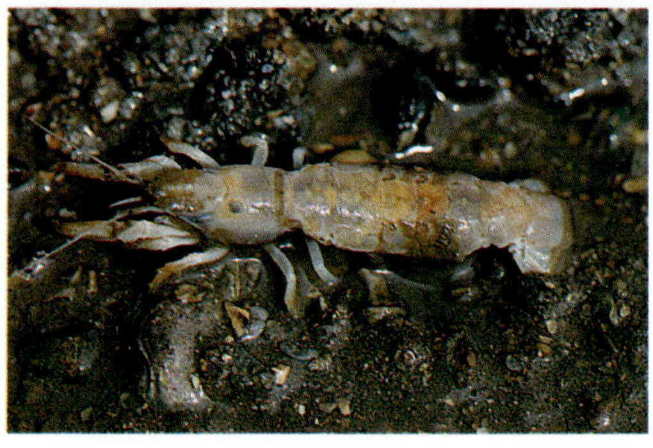

쏙 겉모양은 갯가재와 비슷하나 오히려 집게류에 더 가깝다. 모래펄갯벌에 Y자 모양의 깊은 구멍을 파고 살며 부유물식을 한다.

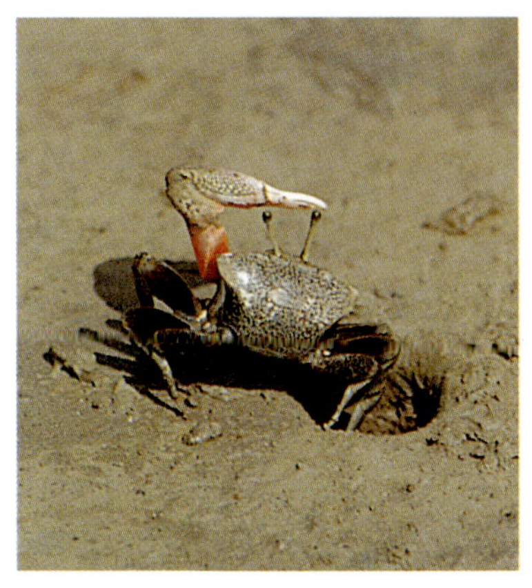

농게 펄갯벌의 조간대 상부에 많으며 수컷의 집게다리 가운데 어느 하나는 매우 크고 붉은색을 띤다.

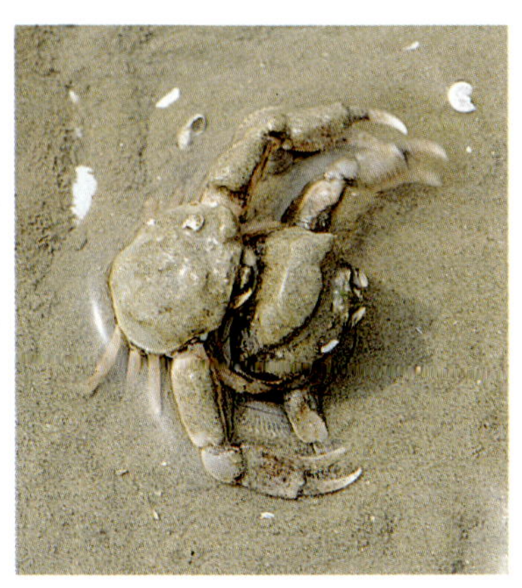

밤게 모래펄갯벌에서 흔하게 볼 수 있는 게이다. 5, 6월경이면 짝짓기가 한창인 밤게를 볼 수 있다.

다. 게류는 우리나라에서 현재까지 200여 종이 알려져 있는데 갯벌의 상부에 사는 많은 종류들이 땅굴을 판다.

엽낭게는 고조선의 허무러지기 쉬운 모래 바닥에 수직으로 구멍을 파고 사는데도 불구하고 그 구멍의 입구는 둥그렇게 잘 만들어져 있다. 조수가 차오면 땅굴은 허물어져 모래로 파묻히지만 조수가 빠지면 기어 나와 양 집게다리를 사용하여 표면의 모래를 입으로 운반한다. 그리고 구기 속에서 먹이인 유기물을 골라 먹으며 나머지 모래를 덩이로 만들어 내버리고 피난처인 굴을 다시 만든다.

모래 바닥에 굴을 만드는 종류로는 엽낭게 이외에도 조간대 상부의 깨끗한 모래밭에 사는 달랑게와 펄갯벌에 사는 칠게, 농게, 넓적콩게 등이 있다. 방게는 비교적 조수가 자주 미치지 않는 고조선 상부의 갈대밭에 땅굴을 만들기 때문에 해수에 의해 파괴되는 경우가 그리 많지 않고 그 땅굴은 단단하며 도망갈 길도 있는 복잡한 형태이다.

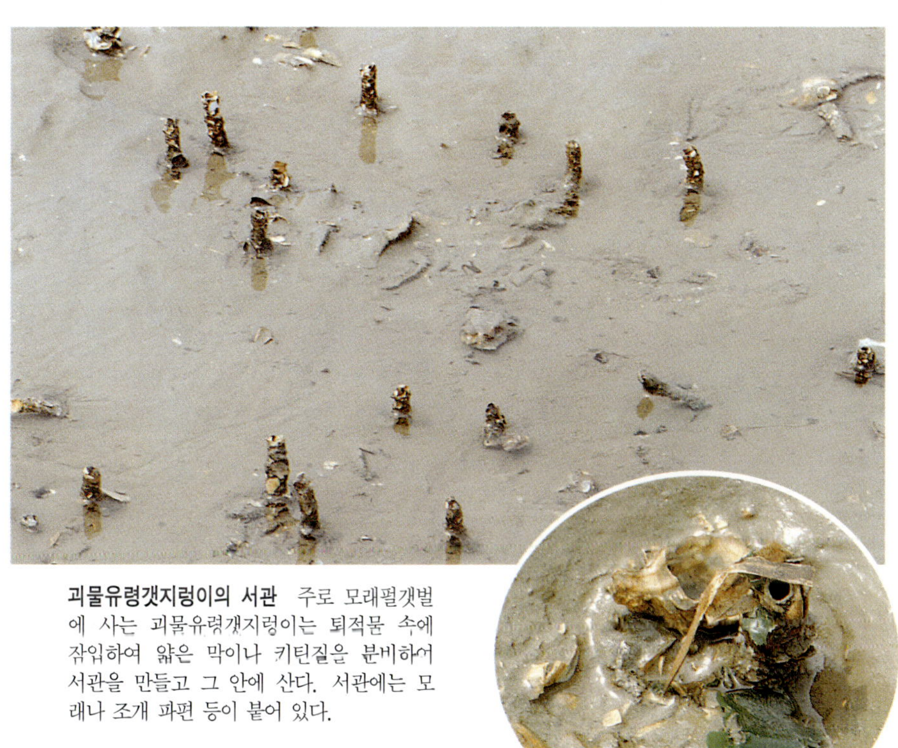

괴물유령갯지렁이의 서관 주로 모래펄갯벌에 사는 괴물유령갯지렁이는 퇴적물 속에 잠입하여 얇은 막이나 키틴질을 분비하여 서관을 만들고 그 안에 산다. 서관에는 모래나 조개 파편 등이 붙어 있다.

꽃갯지렁이류의 관 속 생활

세 번째 그룹으로는 퇴적물 속에 잠입하여 얇은 막이나 키틴질을 분비하여 서관을 만들고 그 안에 사는 동물군이다. 그 예로는 넓적집갯지렁이, 새날개갯지렁이, 괴물유령갯지렁이, 싸리버섯갯지렁이 등의 꽃갯지렁이류와 미소(微小) 단각류 등이 있다. 이러한 종류들은 대형 해조류나 잘피 등의 해산 현화식물(顯花植物)과 함께 퇴적물 안정자로 잘 알려져 있다.

집갯지렁이류는 밖으로 나와 있는 서관의 앞쪽 끝에 닻의 역할을 하는 조가비나 해조 등을 부착한다. 퇴적물 속에 있는 서관의 후단은 열려 있으며 땅굴은 더욱 깊게 속으로 이어져 있다. 새날개갯지렁이는 U 자형의 굴집에 살고 갈색의 얇은 막질의 서관을 분비한다. 관 속의 생활에 적응하여 있기 때문에 몸체는 부드럽고 흰색을 띠는 색다른 종류들이다. 이 두 종류의 서관은 비교적 부드러우나 빗갯지렁이류는 모래 입자를 붙인 얇은 석회질의 서관을 분비하여 모래 위로 마치 연통을 세운 것같이 돌출시킨다.

서관을 분비하는 또 다른 종류에는 우산석회관갯지렁이류처럼 딱딱한 석회질의 관을 만드는 다모류가 있는데 이들은 석회관을 바위나 자갈 같은 경성 기질에 고착시켜야 하기 때문에 갯벌에 적응한 동물이라고는 할 수 없다.

간극생물

갯벌에 나가 모래펄을 떠서 샤알레에 넣고 현미경으로 관찰하면 아직까지 우리에게는 별로 알려지지 않았지만 매우 특징적인 동물군이 생활하고 있음을 보게 된다. 이들은 모래 입자의 틈바구니에서 성공적으로 살아가기 위하여 크기는 제한되고 생김새도 특이하다. 대체로 크기가 아주 작고 동물 분류학상의 위치에 관계없이 가늘고 길며 모래 알갱이에 부착하기 위한 각종의 기구가 발달하였다.

이러한 밀리미터나 마이크로 단위의 동물군에는 놀랍게도 원생동물(原生動物)부터 원색동물(原索動物)에 이르기까지 온갖 무척추동물이 나타난다. 해양 생물학자들은 이들을 모래 알갱이의 틈새에 사는 생물이라 하여 간극생물이라 부르며 대체로 0.1~1밀리미터 정도의 크기여서 중형 저서생물이라는 동물군에 포함시킨다.

간극생물들의 분포에 가장 큰 영향을 미치는 환경 요소는 역시 간극의 크기를 결정하는 모래 알갱이의 크기이다. 입도의 조성은 그 해역의 수력학적인 조건의 결과이며 퇴적물 내의 산화층과 환원층의 두께를 결정짓는 중요한 요인이기도 하다.

알갱이 크기가 크면 클수록 보수력은 작아지나 생물들이 살 수 있는 간극은 커지며 이 간극의 크기는 중형 저서생물 군집의 조성을 결정한다. 이 밖에 퇴적물 내의 온도나 염분 농도 등도 이들의 분포를 좌우하는 중요한 요인이다.

간극생물들은 이렇게 특수한 환경에서 생활하기 위하여 여러 가지 다양한 적응 형태를 보인다. 우선 크기가 작고 간극을 누비고 다니기 위하여 몸의 형태가 가늘고 길쭉하며 부드럽다. 와충류나 복모류, 선형동물(線形動物)에는 모래 입자에 부착하기 위하여 점액선(粘液腺)과 같은 점착 기관이 발달하고 갑가류나 완보동물 등에는 모래 입자를 붙잡을 수 있도록 집게발이나 갈고리가 있다. 섬모충류나 와충류 그리고 고둥류 등은 파도에 따라 움직이는 모래 알갱이 사이에서도 다치지 않기 위하여 골편을 가지기도 하며 선형동물은 몸의 표면이 큐티쿨라로 덮여 있다.

먹이의 섭취 방법을 보면 갯벌의 대형 저서동물들처럼 육식자도 있고 이매패류처럼 부유 현탁물만을 취하는 동물도 있으며 퇴적된 유기물을 취하는 퇴적물식자도 있다. 이 가운데 해조식자(海藻食者)가 비교적 많은 편인데 특히 모래 입자 표면의 박테리아나 부착 규조류를 주요한 영양원으로 한다. 대표적인 간극동물인 복족류, 선충류, 원시환충류 등은 갯고둥처럼 입자 상태의 유기물을 먹고 생활한다.

전세계에서 간극동물은 평균 1제곱미터에 약 100만 개체가 출현하며 그 생물량도 1제곱미터당 1, 2그램에 이른다. 이들은 개체수이건 생물량이건 조간대에서 제일 높으며 심해저에서도 발견된다. 가장 많은 양이 나타나는 동물군으로는 선형동물과 갑각류에 속하는 저서성 요각류인 하르팍티쿠스류(harpacticoid copepods)가 있다.

펄갯벌의 상부 1센티미터 이내에서 전체 간극동물 가운데 94퍼센트 정도가 출현한다는 보고가 있으나 모래갯벌에서는 90센티미터 깊이까지도 발견된다고 한다. 이들은 퇴적물 내에서 온도나 염분의 변화에 따라 수직 이동을 하는데 초여름에는 지표면을 향하여 이동하고 겨울철이 되면 심한 추위를 피하여 너욱 깊은 곳으로 이동한다.

갯벌에서 먹이를 구하는 바다새들

갯벌에서 저서동물의 현존량(現存量)에 생활을 의존하고 있는 대표적인 동물로는 도요새와 물떼새류 같은 철새들을 빼놓을 수 없다. 이들은 갯벌 생물의 포식자이며 갯벌 생태계에서 매우 중요한 부분을 차지한다.

도요새나 물떼새류의 대부분은 북만주나 시베리아 등지에서 해마다 4월말에서 7월초까지 번식하고 태국, 필리핀 등의 동남아시아나 뉴질랜드 등지로 이동하는 도중에 9월과 10월을 전후하여 우리나라의 갯벌에 날아오며 일부는 월동하기도 한다. 이들은 동남아시아에서 겨울을 난 뒤 이듬해 봄에 우리나라를 거쳐 다시 번식지로 돌아간다. 그러니까 휴식이나 에너지의 보충을 위하여 가을철과 봄철에 우리나라에 들렀다 가는 통과새들인 셈이다.

나그네새들은 극지의 번식지에서 단독 생활을 하며 이동 시기에는 여러 종으로 구성되는 혼군(混群)을 형성한다. 그리고 먹이를 섭취하는 장소에서는 개체군의 밀도가 높은 것이 특징이기 때문에 이 시기에는 공간이나 먹이를 둘러싼 경쟁과 공격적 상호 작용이 나타나며 그 결과 생태적 지위의 분리가 생긴다.

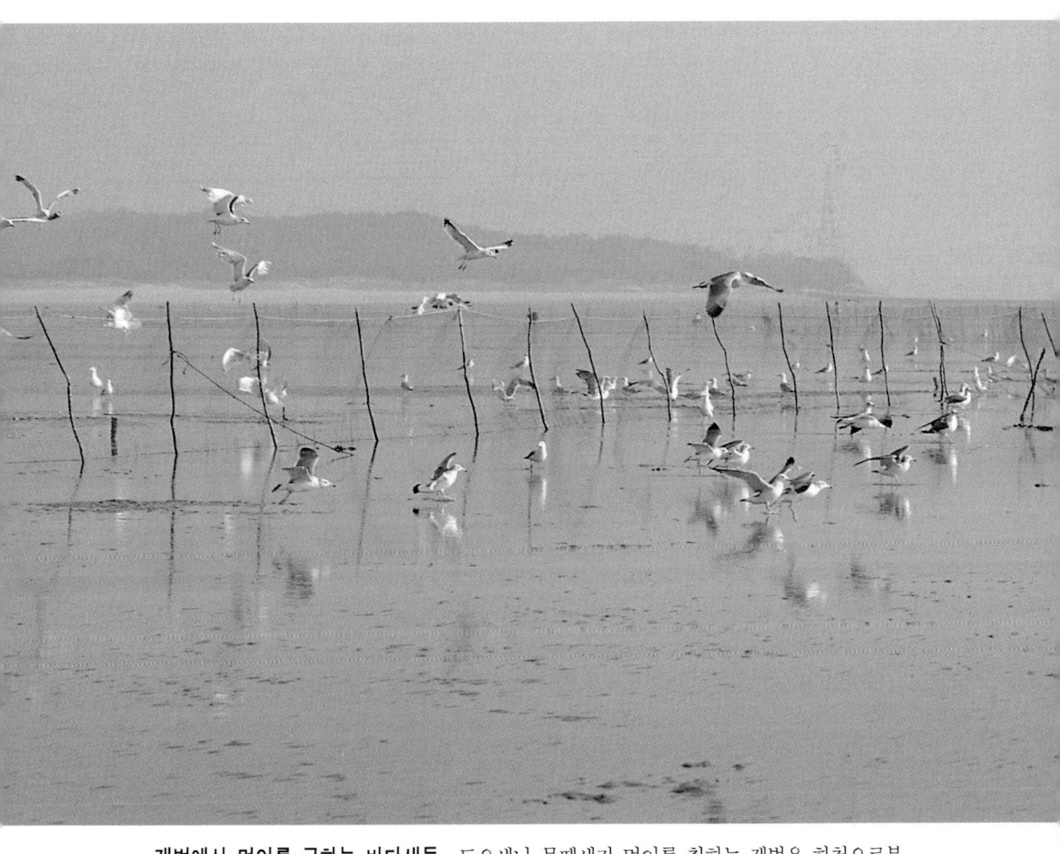

갯벌에서 먹이를 구하는 바다새들 도요새나 물떼새가 먹이를 취하는 갯벌은 하천으로부터 풍부한 영양염이 공급되기 때문에 저서생물의 생산성이 매우 높은 곳이다.

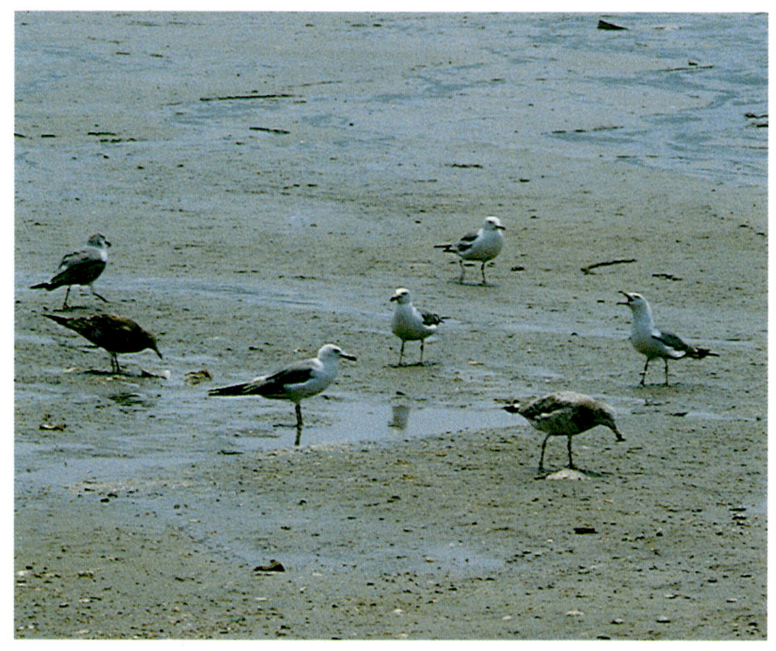

철새들의 휴식 갯벌은 나그네새들의 중간 기착지로서 통과 도중에 에너지를 재충전하기 위한 급식 장소가 된다.

나그네새들은 이동 시기가 되면 산림보다는 주로 해안, 습지, 경작지 등을 중심으로 많이 찾아오며 도요새나 물떼새가 가장 많은 종류를 차지한다. 이렇듯 갯벌은 도요새나 물떼새를 일컫는 섭금류(涉禽類)가 먹이를 섭취하는 중요한 장소이다. 지구상에 알려진 217여 종의 섭금류 가운데 한반도를 통과하는 도요새나 물떼새는 54종 정도이다.

도요새는 부리와 다리 그리고 목이 길지만 물떼새는 짧아서 쉽게 구별된다. 도요새는 갯벌이나 얕은 물 속에 머리를 박고 촉각을 이용하여 먹이를 잡지만 물떼새는 시각으로 먹이를 쫓아 잡아먹으므로 먹이 포착 방법도 서로 다르다. 한강, 낙동강, 금강, 영산강 등 우리나라의 주

요 강 하구의 광활한 갯벌은 나그네새들의 중간 기착지로서 통과 도중
에 에너지를 재충전하기 위한 급식 장소가 된다.

우리들이 볼 수 있는 대표적인 섭금류로는 민물도요, 흰물떼새, 개
꿩, 왕눈물떼새, 흑꼬리도요, 붉은어깨도요, 뒷부리도요, 청다리도요,
큰뒷부리도요 등이 있다. 이들은 대개 해안의 갯벌이나 염전, 논, 내수
면의 물가에서 사는데 깊은 물에서는 살지 못할 뿐만 아니라 헤엄치거
나 물에 떠 있을 수도 없기 때문에 수심이 아주 얕은 물에서 먹이를 찾
는다.

이동 시기의 도요새나 물떼새가 먹이를 취하는 갯벌은 하천으로부터
풍부한 영양염이 공급되기 때문에 저서생물의 생산성이 매우 높은 곳
이다. 저서동물의 높은 현존량은 주로 이매패류에 의존하는데 개체수
의 밀도에서는 갯지렁이류가 우점하는 경우가 많다. 유럽 학자들의 연
구 결과를 보면 검은머리물떼새는 하루에 315개체의 새조개류
(*Cerastoderma*)를 집아먹고 붉은발도요는 4민 개체의 옆새우류
(*Corophium*)를, 붉은가슴도요는 730개체의 대양조개류(*Macoma*)를 먹
어 치운다.

북동 잉글랜드 지방의 티스(Tees) 하구역에서는 7종의 섭금류와 오
리류가 그 지역 전체 대형 저서동물 생물량의 거의 90퍼센트를 제거하
였다고 한다. 이러한 새들의 하향 포식(下向捕食)이 갯벌의 저서동물
에 미치는 영향은 잘 밝혀져 있지 않지만 많은 과학자들은 전체 저서동
물 생산량의 20퍼센트 정도는 소비할 것으로 추정한다.

많은 종류의 새들이 먹이와 휴식, 산란과 번식 장소로 해안 습지를
이용하는데 어떤 종류의 철새들은 특정 습지를 통과해야만 한다. 따라
서 그 습지가 파괴된다면 금방이라도 이런 새들은 멸종될 수 있다. 이
를 막기 위하여 1971년 이란의 람사(Ramsar)에서 92개국이 모여 협약
(Convention on Wetlands of International Importance especially as

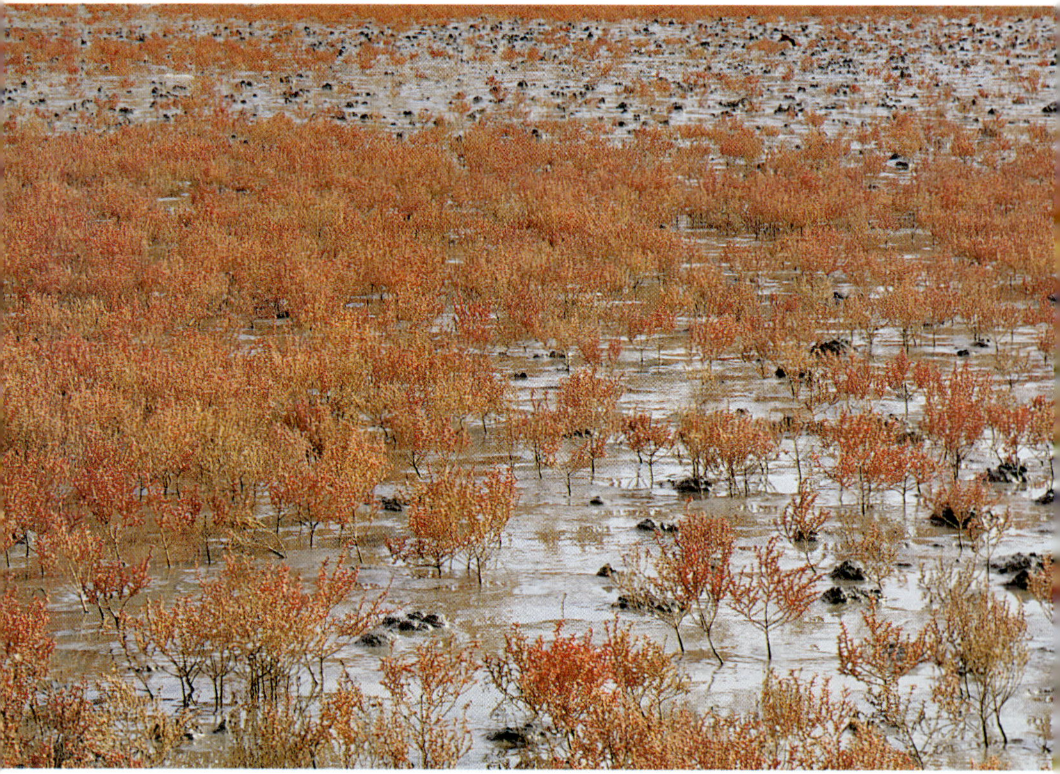

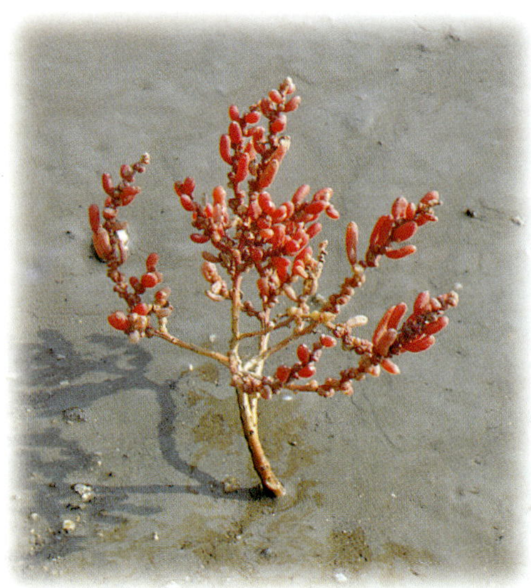

칠면초 생육지의 범위가 넓을 뿐 아니라 내염성이 강하며 장기간의 침수 상태에서도 생육할 수 있는 호염성 식물이다. 흔히 펄갯벌의 조간대 상부에서 순군락을 이룬다.

Waterfowl Habitat)을 정하여 전세계의 중요한 습지 775개소, 5,319헥타르를 보호하도록 하였다.

갯벌의 식물

갯벌 생태계 내에서 태양 에너지를 이용하여 무기물에서 유기물을 합성하는 이른바 1차 생산자인 식물은 크게 4개의 그룹으로 구분할 수 있다. 고조선이나 그보다 높은 장소에 번식하는 염생식물과 조간대를 중심으로 번식하는 대형 해조류, 모래나 펄 바닥의 표면에 착생하는 미소 저서 조류 그리고 만조 때 갯벌 위의 표영 환경에 존재하는 식물 플랑크톤이 그것이다.

염생식물
염분이 있는 땅에 사는 식물을 일컬어 염생식물이라고 한다. 주로 해변이나 해안 사구, 내륙의 염지(鹽地) 등에 서식하는 육상 고등 식물을 가리키는 경우가 많다. 우리나라에 생육하는 염생식물은 총 16과 40여 종이 보고되었으며 특히 서남해안 갯벌의 상부 지역에 그 군락이 잘 발달하여 있다.

염습지에서 염생식물 군락을 형성하는 식물 종들은 그 생육의 특징에 알맞은 입지 조건에서 자생한다. 이토질(泥土質)의 염생식물 군락에는 퉁퉁마디, 해홍나물, 나문재, 칠면초, 갯개미취, 강피, 갯는쟁이, 갈대, 천일사초 등이 있는데 순군락이나 혼군락(混群落)을 이루는 경우가 많으며 이 가운데 퉁퉁마디가 선구적인 개척자 식물이다.

퉁퉁마디는 모래질 토양이나 건조한 지역에서는 생육이 좋지 않으며 저습한 염습지나 염전의 수로 부근에서 순군락을 형성한다. 그러나 강

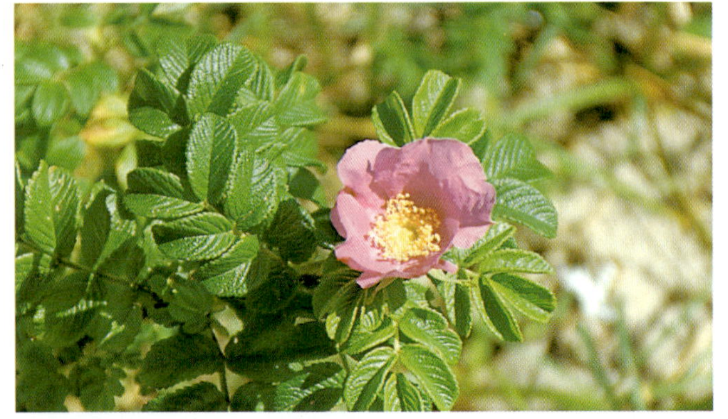

해당화 바닷가 모래땅에 자라는 장미과의 낙엽 관목이다. 5~7월에 홍자색의 꽃이 핀다.

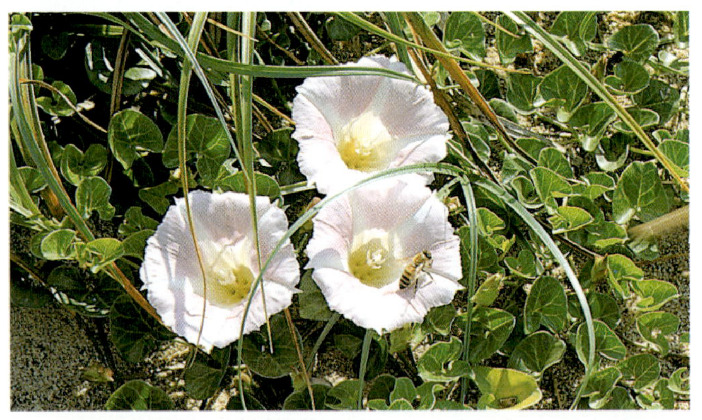

갯메꽃 모래갯벌의 육상부 모래땅에 자라는 다년초이다. 5, 6월에 분홍색의 꽃이 핀다.

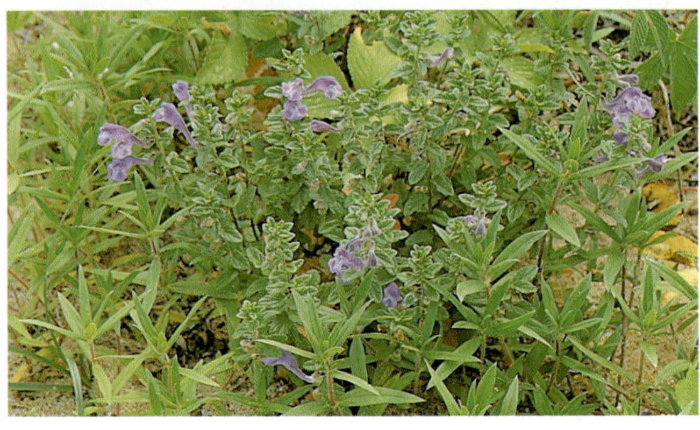

참골무꽃 바닷가 모래땅에서 자라는 다년초로 7, 8월에 자주색의 꽃이 핀다.

우가 계속되어 장기간 침수되면 말라 죽어 버린다. 칠면초는 만조 때에 침수되는 낮은 지대부터 고조선 이상의 건조한 지역까지 그 생육지의 범위가 넓을 뿐 아니라 내염성이 강하며 장기간의 침수 상태에서도 생육할 수 있는 대표적인 호염성(好鹽性) 식물이다.

해안 염습지와 기수성 침수 지역에는 갈대, 지채, 천일사초, 세모고랭이, 부들 등이 군락을 이룬다. 특히 갈대 군락은 기수 지역의 대표적인 식생으로 담수의 유입이 없는 해안에서는 생육할 수 없는 특징을 지닌다.

천일사초는 고운 모래가 섞인 습한 이토(泥土)가 있는 장소에서 생육이 왕성하며 갯질경이는 사질 이토의 건조 지대에서 잘 자란다. 동해안에는 보리사초, 갯메꽃, 갯쇠보리, 순비기나무 군락이 대표적으로 잘 사라는데 서해안이나 남해안과는 딜리 해안 퇴적물의 특징인 사구에 자생하는 염생식물만 있을 뿐 이토성 염생식물은 전혀 볼 수 없다.

한편 방대한 서남해안의 갯벌우 그 동아 간척지로 조성되어 농경지로 변하였고 신도시, 신공항, 신항구 등의 건설을 위한 매립으로 광대한 염습지 식생이 차츰 그 자취를 감추어 가고 있다. 그나마 약간 남아 있는 간석지나 염습지도 빠른 속도로 파괴되고 있다. 따라서 앞으로 해안 매립을 중단하고 갯벌과 염습지와 해안 사구의 식생을 보호하지 않는다면 염생식물 군락이 보존되기는 어려울 것이다.

대형 해조류

대형 해조류가 고착하기 위해서는 딱딱한 경성 기질이 필요하기 때문에 갯벌에서는 암반 지대에 비해 종류가 훨씬 단조롭다. 우리나라 서남해안의 갯벌에서 흔히 볼 수 있는 종류에는 주로 녹조류에 속하는 구멍갈파래, 파래류, 깃털말 등과 홍조류에 속하는 김과 꼬시래기 등이 있다.

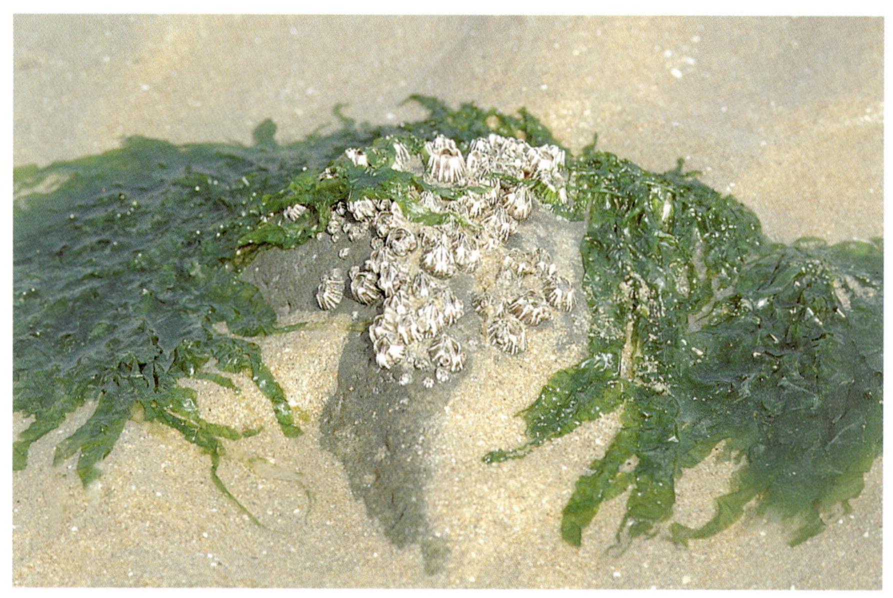

파래 갯벌에 우점하는 해조류에는 파래나 갈파래가 있다. 파래는 딱딱한 기질이 있으면 쉽게 부착하며 이따금씩 갯벌의 전면을 덮기도 한다.

이들은 부착할 수 있는 딱딱한 기질이 있다면 겨울에서 봄 사이에 걸쳐 무성하게 자란다. 특히 구멍갈파래나 파래류는 갯벌의 퇴적물 표층을 메워 버릴 정도로 번성하며 파도에 밀려 해면과 육지가 맞닿은 곳인 정선에 쌓이기도 한다.

대형 해조류가 무성하게 자라는 시기는 일년으로 한정되어 있지만 현존량은 매우 많다. 또 분해물은 최종적으로 미세한 유기 쇄설물이 되어 갯벌에 사는 동물들에게 매우 중요한 먹이 원천이 되지만 물과 퇴적물 사이의 경계층에서 일어나는 여러 가지 물질 교환을 차단하여 바닥이 썩는 원인이 되기도 한다. 특히 고수온기인 여름철에 파도가 잔잔한 곳에서는 부분적으로 갯벌 생물의 대량 폐사를 일으킬 수도 있다.

미소 저서 조류

펄갯벌 조간대에는 부착할 만한 경성 기질이 없고 퇴적층이 물리적으로 불안정하여 대형 해조류의 서식이 부적합한 반면 미소 조류의 서식이 가능하다. 지금까지 알려진 바에 따르면 개펄 조간대의 미소 조류는 규조류가 대부분을 차지하며 그 밖에 남조류(藍藻類)나 편모조류(鞭毛藻類)가 같이 나타나거나 대치되기도 한다.

부착성 미소 조류는 갯벌 퇴적물의 표면을 생활 기반으로 하는 가장 대표적인 현미경적 크기의 1차 생산자이다. 이들은 규조류 중에서도 주로 우상 규조목(羽狀硅藻目)에 속하며 파랄리아(*Paralia*), 나비쿨라(*Navicula*), 니치아(*Nitzschia*), 암포라(*Amphora*), 코코네이스(*Cocconeis*)를 비롯하여 많은 속(屬)이 알려져 있다.

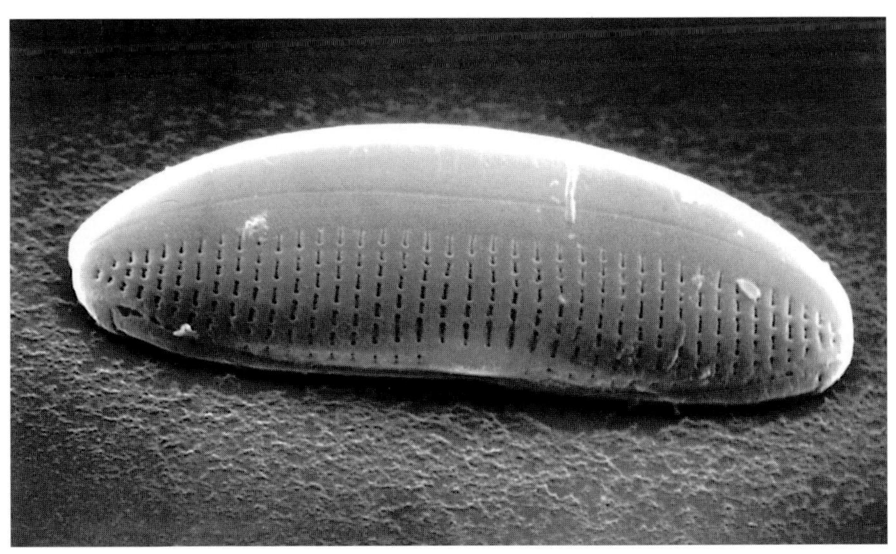

암포라 부착성 미소 조류. 갯벌 퇴적물의 표면을 생활 기반으로 하는 대표적인 현미경적 크기의 1차 생산자이다. 사진:상명대 이진환 교수.

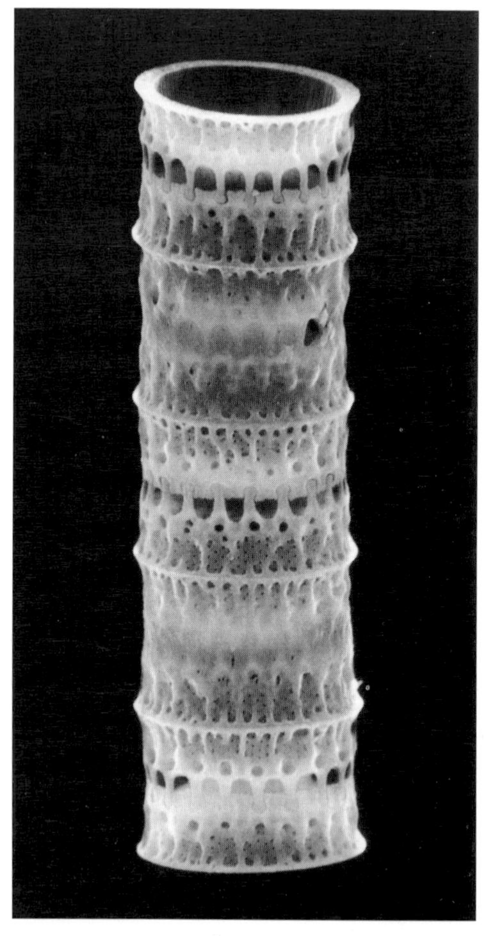

파랄리아 설카타 저서성 규조류로 펄갯벌을 선호한다. 세계 각지에 서식하는데 우리나라의 서해에서는 재부유에 의해 식물 플랑크톤으로도 우점적으로 나타난다. 사진:상명대 이진환 교수.

그중에서도 대표적인 미소 규조류인 파랄리아는 연안성 종류로 펄갯벌을 선호한다. 세계 각지에 서식하는 것으로 알려져 있으며 우리나라의 서해에서 재부유에 의해 식물 플랑크톤으로도 우점적으로 나타나는 일시부유규조류(tycho-pelagic diatom)이다.

주로 펄갯벌의 개펄 표면에 부착하여 서식하는 규조류는 식물이지만 운동성이 높아 퇴적물 알갱이 사이의 빈틈을 통한 이동이 가능하다. 조수가 밀려올 때는 펄 속으로 잠입하고 조수가 빠지면 표면으로 모여든다. 그래서 갯벌의 표면은 그들이 가지는 색소의 종류에 따라 갈색이나 녹색, 녹갈색 등을 띠게 된다. 간조 때 인위적으로 빛을 차단하면 펄

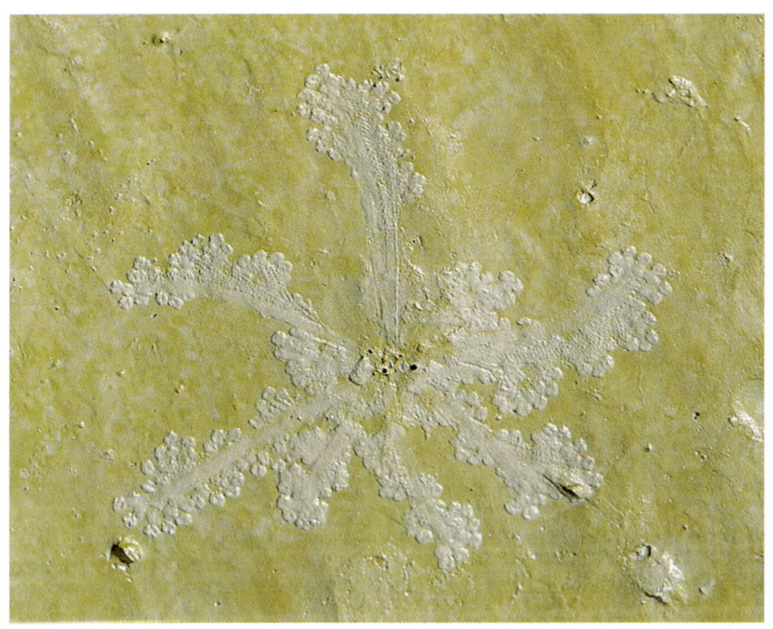

갯지렁이가 미소 규조류를 먹은 흔적 마치 연두색의 천에 꽃을 수놓은 것처럼 아름답다. 펄갯벌에서는 갯지렁이와 같은 표층 퇴적물식자가 섭식한 흔적을 쉽게 볼 수 있다.

속에 잠입하는 것으로 보아 조수 간만보다는 빛의 조건이 그 수직 이동을 지배하는 요인으로 여겨진다. 저서 규조류는 건조에 대한 내성이 매우 강하여 수개월 동안의 건조에도 충분히 견뎌낸다고 한다. 그러나 모래갯벌의 표면에 사는 규조류는 점액질을 분비하여 모래 표면에 강하게 부착하여 서식하는 습성이 있어 상대적으로 운동력이 떨어진다.

한편 규조류 이외에도 부영양화된 내만의 맨 안쪽 갯벌에는 편모조류라는 무리가 갯벌 표면을 변색시킬 정도로 번식하기도 한다. 유트렙티엘라(*Eutreptiella*)라는 종류가 가장 흔한데 이것이 착생하면 표면은 녹색을 띤다.

갯벌 환경에 서식하는 저서 규조류의 분포에 영향을 미치는 환경 요인으로는 퇴적물의 입도 조성과 조위, 염분, 퇴적물의 깊이에 따른 빛의 투과 정도, 퇴적물의 온도, 간극수에서 영양염류의 농도 등의 무기적 환경 요인이 있으며 그 밖에 경쟁과 섭식 등의 생물적인 요인도 중요하다.

식물 플랑크톤

갯벌 생태계에서 식물 플랑크톤의 역할은 외해역에 비해 상대적으로 낮다. 그러나 경기만 모래펄의 표면을 현미경으로 관찰하여 보면 저서 규조류에 섞여 우리나라 연안 해역에 두루 출현하는 내만성의 스켈레토네마(*Skeletonema*)나 부유성의 니치아 등 식물 플랑크톤이 많이 발견된다.

장소에 따라서는 식물 플랑크톤이 모래펄 표면에서 채집된 단세포 조류의 80퍼센트 가까이를 차지하기도 한다. 그러나 갯벌에서는 나비쿨라와 같은 저서성 미소 조류의 비율이 압도적으로 높으며 이는 평균적으로 식물 플랑크톤의 7배에 가까운 세포 수를 나타낸다. 또 생활 하수와 폐유 등이 섞여 끈끈한 물질 등이 퇴적된 장소나 해안 가까이에서는 가끔씩 편모조류가 차지하는 비율이 높아진다는 연구 결과도 있다.

엽상생물 해산식물의 엽상체나 잎 표면에 부착하여 생활하는 동물이나 식물을 엽상생물(葉上生物)이라 한다. 여기에는 부착성 미소 규조류를 포함하여 기타 대형 해조류에서부터 옆새우류, 이끼벌레, 히드라충류 등 매우 다양하고도 독특한 생물 군집이 나타난다.

현화식물 해산식물은 잎과 줄기, 뿌리의 구분이 없는 하등한 해조류가 거의 대부분을 차지한다. 그러나 꽃을 피우고 종자가 형성되는 현화식물(顯花植物)도 전세계 해양에 약 60여 종 보고되어 있다. 우리나라에서도 해저 초원을 형성하는 잘피(*Zostera*)와 말잘피(*Phyllospadix*)가 알려져 있다.

생태계로서의 갯벌

갯벌 생물은 암반 해안의 생물에 비해 그 종류가 훨씬 단순하지만 조석에 의한 환경 변동이 큰 갯벌에 일단 적응한 생물들은 풍부한 먹이와 공간 경쟁이 적다는 유리한 조건에 힘입어 크게 번성한다. 갯벌에서 볼 수 있는 생물의 상호 관계를 나타내는 먹이 연쇄는 어떤 특징이 있고 서로 어떤 관계를 맺고 있는지 자세히 살펴보자.

유기 쇄설물과 생산자

갯벌의 먹이 연쇄에서 가장 중요한 역할을 담당하는 것은 데트리터스(detritus)라는 입상(粒狀)의 유기 쇄설물이다. 데트리터스란 미생물이 분해하는 도중에 있는 생물체 파편의 모든 형태를 말하며 이들은 소비자의 에너지원으로 매우 중요한 역할을 한다. 보통 생물체의 파편이나 배설물 등 분해 산물 일반을 가리킨다.

그러나 실제로는 그것에 미생물 등이 부착하여 서로 섞여 그들의 분리가 쉽지 않거나 분리 취급하는 것 자체에 문제가 있어 무기물까지 포

갯벌 먹이 사슬의 개념도

소
비
자

생산자

육식자

하향 포식자(도요·물떼새류)
상향 포식자(꽃게, 민꽃게, 보리새우, 망둑어류 등)
천공성 고둥류(큰구슬우렁이, 갯우렁이 등)

부유물식자
조개류(바지락, 동죽, 굴 등)
꽃갯지렁이류
완족류(개맛 등)
갑각류(따개비류)

퇴적물식자
참갯지렁이류
연체동물류(갯고둥, 민챙이 등)
갑각류(칠게, 농게, 엽낭게 등)

데트리터스
(박테리아)

바위 해안(대형 해조류), 하구역(갈대), 조하대 생물 군집(잘피) 등으로부터 유입

식물 플랑크톤
(부유 규조류, 와편모조류)

저서 규조류

동식물의 사체, 분괴, 기타 입상 유기물

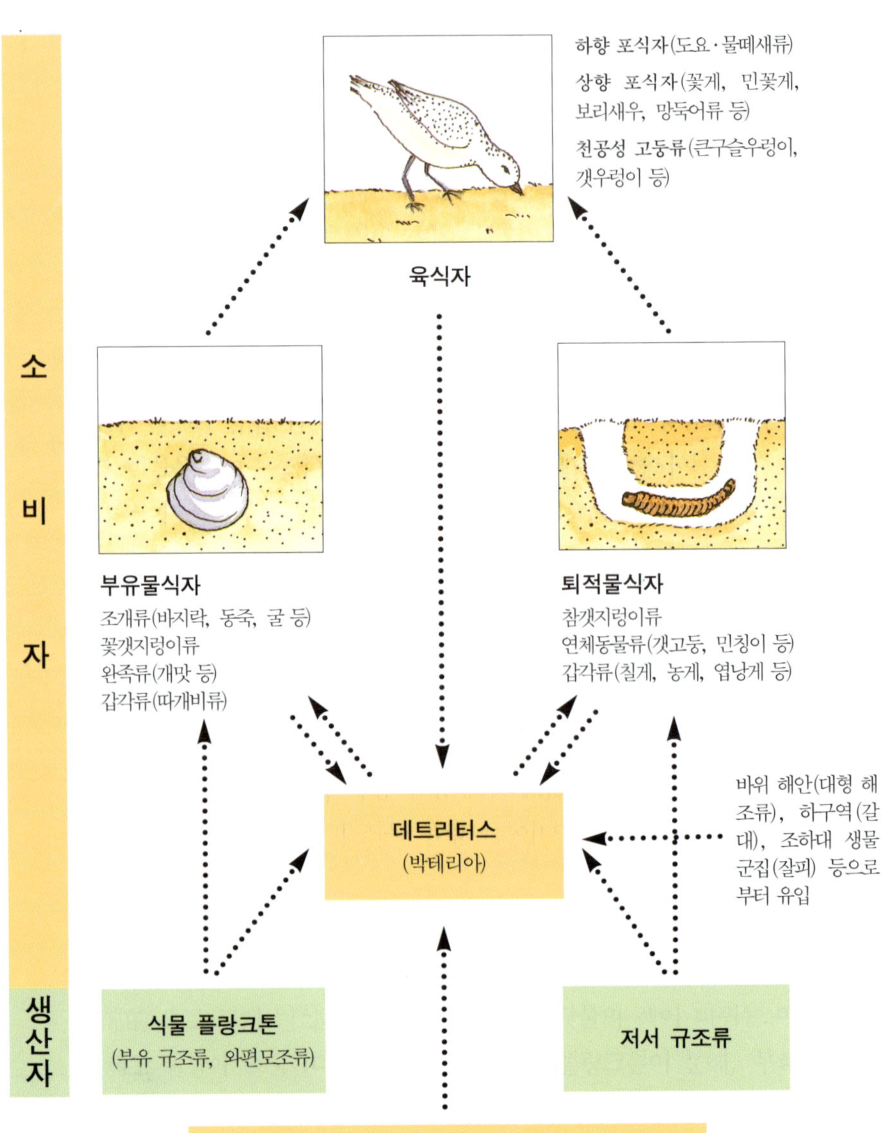

함시킨 전체를 가리키는 경우가 많다.

데트리터스는 수중이나 퇴적물의 표면에 널리 존재하며 박테리아 등 미생물의 활발한 활동 장소가 되기 때문에 갯벌 생태계나 하구역 생태계에서 매우 중요한 위치를 차지한다. 엄격하게 말하여 입자 상태의 유기 쇄설물 위에 착생하면서 그것을 분해하는 박테리아나 미생물은 1차 영양 단계인 식물체에 의존하므로 2차 영양 단계에 속하는 소비자라고 할 수 있다. 그러나 1차 소비자 동물들의 먹이인 식물 플랑크톤이나 저서성 미소 조류, 입자상 유기 쇄설물은 서로 뒤엉켜 있기 때문에 각각의 정확한 기원을 고려하지 않고 그냥 '입상 유기물(particulate organic matter, POM)'이라 부른다.

해수 중에는 여러 가지 입상의 부유 물질이 포함되어 있는데 그중에서 중요한 것은 식물 플랑크톤이다. 연안 해역에서는 이른봄이 되면 겨울에 보급된 영양염류와 풍부한 일사량에 힘입어 식물 플랑크톤인 규조류가 크게 번식힌다. 이렇게 제한된 시기에는 해수 중에 규소류가 매우 많지만 일년을 통해 보면 플랑크톤 이외에 입상 유기물이 50퍼센트 이상을 차지하며 이들이 각종 동물들의 먹이로서 매우 중요한 역할을 수행한다.

데트리터스는 동식물의 사체가 분해되어 생기거나 동물들의 배설물인 분괴(糞塊)에서 유래하는 것으로 생각되고 있다. 지구상의 모든 동식물은 수명을 다하거나 번식기가 지나면 사망하거나 고사한다. 갯벌과 같이 생물이 풍부한 장소에서는 이들의 사체나 분괴 등의 분해물이 양적으로 매우 많다. 그러나 갯벌 생태계에서는 거기에 서식하는 동식물에서 유래하는 데트리터스의 양보다 인근의 유입 하천이나 육지로부터 공급되는 양이 오히려 더 많다.

한편 염습지 식생을 구성하는 갈대, 나문재, 칠면초 등의 염생식물이나 김, 갈파래, 파래처럼 갯벌에서 흔히 볼 수 있는 해조류 등을 직접

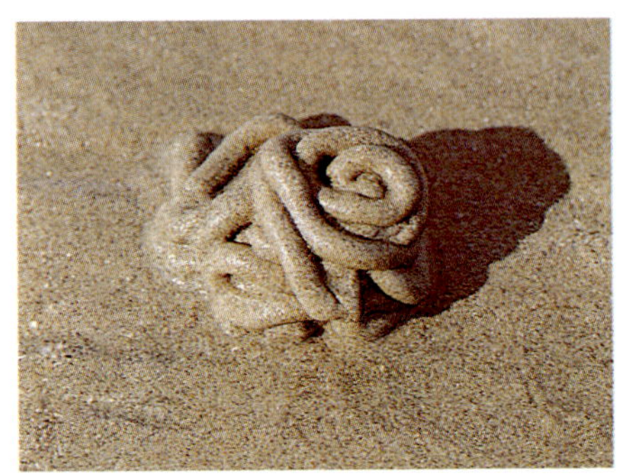

검은갯지렁이의 배설물 갯벌 동물들의 배설물은 노끈이나 펠릿, 막대기, 염주 모양 등 독특한 형태를 가진다.

먹이로 이용하는 동물은 그리 많지 않다. 그러나 이 식물체들은 효소에 의해 자기 분해되거나 박테리아의 공격으로 분해되고, 다시 파랑의 힘으로 잘게 부서진 뒤 다른 동물에게 씹혀 결국 데트리터스가 된다. 그리고 비로소 동물에게 이용되는 과정을 거친다. 이렇듯 데트리터스가 갯벌의 먹이 연쇄 관계에서 중요한 역할을 담당하며 생태계의 생산 구조를 특징짓고 있어 갯벌을 식물 플랑크톤 기반의 생태계와는 달리 데트리터스를 기반으로 하는 생태계라 일컫기도 한다.

특히 흥미로운 사실은 데트리터스가 먹이로서의 가치가 매우 높다는 것이다. 미국 조지아 대학의 오덤 박사 연구팀에 따르면 염생식물인 스파르티나가 분해하여 데트리터스로 되는 과정에서 탄수화물의 양은 전적으로 감소하지만 단백질 양은 증가한다. 이는 파편화되어 입상으로 됨에 따라 그것에 부착하는 박테리아의 양이 증가하기 때문이며 저서 동물의 먹이로서의 가치가 더 커져 간다는 사실을 의미한다.

한편 데트리터스를 하나의 미소 생물 사회라고 말하는 학자들도 있다. 그것은 데트리터스에 착생한 박테리아를 잡아먹는 편모충과 그 편모충을 잡아먹는 섬모충류 모두 데트리터스에 착생하여 생활하며 하나의 사회를 형성하고 있다는 생각에서이다.

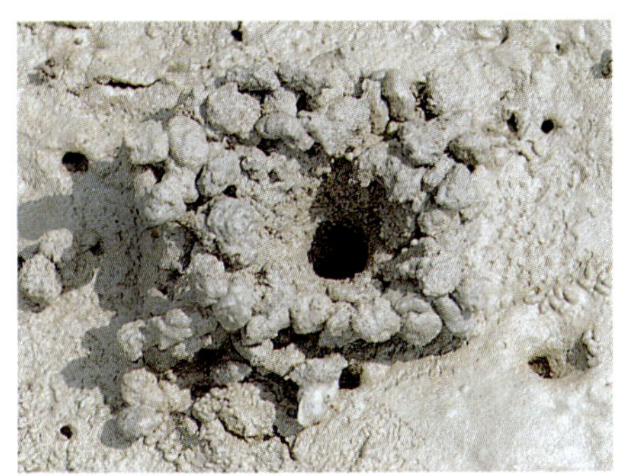

펄털콩게의 땅굴파기 땅굴을 파는 과정에서 만들어진 펠릿 모양의 모래 덩어리는 차츰 미생물이 번식하고 재부유되어 데트리터스로 편입된다.

갯벌의 먹이 연쇄 중에서 식물 플랑크톤이 수행하는 역할은 외해역에 비해 상대적으로 낮다. 경기만을 비롯하여 우리나라 서남해안의 내만에는 스켈레토네마 코스타튬(*Skeletonema costatum*)이라는 식물 플랑크톤이 가장 많은데 플랑크톤이지만 개펄 표면에 퇴적되어 있는 것을 흔히 볼 수 있다. 부유하고 있는 스켈레토네마 코스타튬을 먹이로 이용하는 동물 플랑크톤은 많지 않으며 주로 부유물을 섭취하는 이매패류도 직접 이용하는 경우는 적다고 한다. 아마도 이용되지 않고 그대로 가라앉아 분해된 뒤 데트리터스의 형태가 되어 먹이 연쇄 내에 들어가는 경우가 많을지도 모른다. 해조류 역시 칼로리 값이 낮고 조직이 딱딱하기 때문에 직접 동물들에게 이용되는 경우는 적을 것이다.

갯벌에서 데트리터스에 이어 동물들의 먹이로 많이 이용되는 것은 개펄 표면에 사는 미소한 저서 규조류이다. 특히 식물 플랑크톤과 비슷한 생산 속도를 보이는 나비쿨라라는 우상 규조류가 우점하는데 주로 개펄의 표면에서 2밀리미터 내지 1센티미터 깊이 이내에 매몰하여 생활한다. 이 미소한 저서 규조류는 표층 퇴적물 중의 다른 데트리터스처럼 먹이로서 상당히 많이 이용되며 1제곱센티미터당 10~100만에 이르는 많은 양이 존재한다.

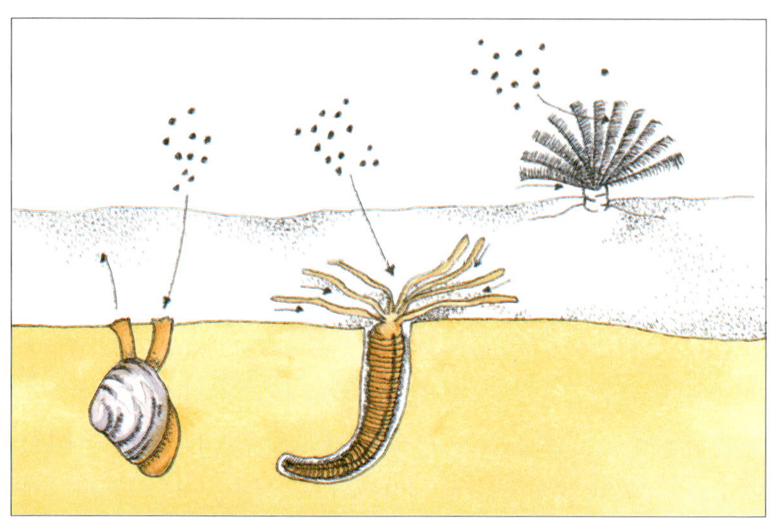

부유물식자 주로 모래 바닥에 우점하는 부유물식자는 수중에 떠다니는 부유 물질을 섬모가 있는 촉수나 점액질의 호흡 기관 등을 이용하여 포획한다.

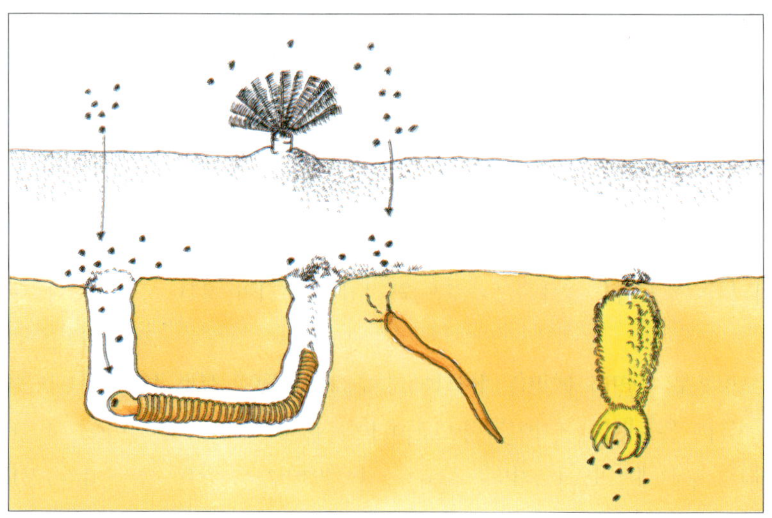

퇴적물식자 주로 펄 바닥에 우점하는 퇴적물식자는 바닥으로 가라앉아 모래나 펄에 퇴적된 데트리터스를 먹는다.

소비자

데트리터스는 수중에 떠 있는 경우와 이들이 가라앉거나 밑바닥에 사는 저서동물의 배설물이 개펄 표면에 퇴적되어 있는 두 가지 상태로 구분할 수 있다. 따라서 갯벌 생태계에서 데트리터스를 이용하는 대표적인 동물 그룹도 2개의 부류로 나누어 연구한다.

그 가운데 한 부류는 부유성 데트리터스를 이용하는 부유물식자(浮游物食者, 懸濁物食者)이다. 이 무리는 해수 중의 플랑크톤을 포함하는 데트리터스를 여과하여 먹으므로 여과식자(濾過食者)라고도 한다. 두 번째 부류는 갯벌의 바닥에 가라앉아 모래나 펄에 퇴적된 데트리터스를 먹는 퇴적물식자이다.

이렇듯 저서동물이 먹이를 섭취하는 양식의 차이는 지시동물의 생태 특히 분포에 있어서 환경과의 대응이나 퇴적물의 생물교반과 연관되어 매우 중요하다. 입자의 크기가 서로 다른 다양한 퇴적 환경에 서식하는 저서생물 군집을 먹이를 섭취하는 유형별로 정리하면 퇴적상에 따라 서로 다른 섭식형의 동물군이 존재한다.

대체로 모래 바닥에서는 부유물식자가 우점하고 펄 바닥에서는 퇴적물식자가 우점한다. 곧 해수 유동에 따른 에너지의 크기는 저질 입자의 크기를 결정하고 이것은 다시 퇴적물의 여러 가지 물리 화학적 환경 요인을 형성한다.

모래질 바닥에 현탁물식자가 탁월한 이유는 물의 흐름이 커서 유기 현탁물 입자가 모두 가라앉지 못하고 밑바닥 바로 위에서 수평으로 운반되기 때문이며, 펄 바닥에서 퇴적물식자가 탁월한 것은 물의 유동이 작아서 먹이가 되는 유기물 입자가 쉽게 가라앉기 때문이다. 따라서 저질의 입도 조성과 저서동물이 이용 가능한 유기물의 존재 양식 및 존재층을 지배하는 요인은 저층의 수력학적인 조건으로 설명될 수 있다.

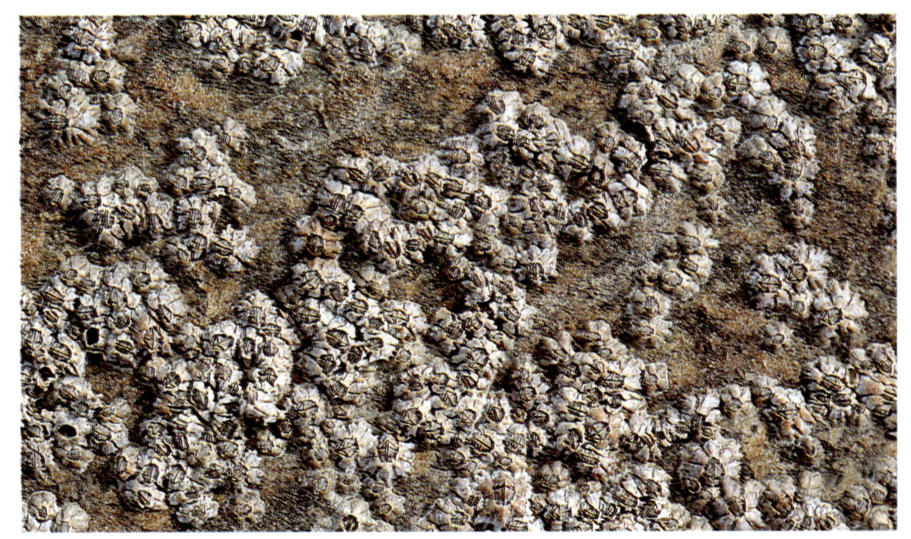

조무래기따개비 바위 해안의 조간대 상부 지역에서 경성 기질이 있는 곳이면 어김없이 볼 수 있는 조무래기따개비는 대표적인 부유물식자이다.

바닷물을 여과하는 자연 정수기, 부유물식자

부유물식자는 수중에 떠다니는 부유 물질을 섬모가 있는 촉수나 점액질의 호흡 기관을 이용하여 능동적 또는 수동적으로 포획한다. 이들이 먹이로 취하는 부유 물질은 규조류나 편모조류를 포함하는 식물 플랑크톤과 수중에서 자유 생활을 하는 박테리아, 유·무기 입자에 붙어 있는 박테리아 등으로 구성된다.

부유 입자들은 크기에 따라 분급되며 입으로 들어가 소화관을 통과하여 입자가 더욱 큰 분립, 곧 분(糞)이나 위분(僞糞, 擬糞)의 형태로 배설되고 침강하여 해저 퇴적물로 편입된다. 배설물은 노끈이나 펠릿(pellet), 막대기, 염주 모양 등 특이한 형태를 가지며 크기도 1밀리미터도 안 되는 것에서 5밀리미터가 넘는 것까지 다양하다. 이 중에서 채

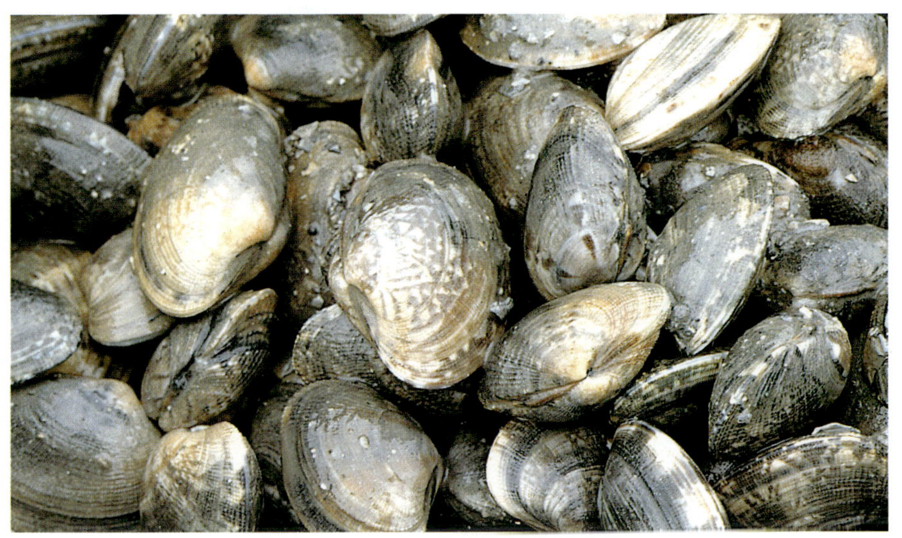

바지락 입수관을 통해 들어온 해수를 여과하여 바닷물을 정화시키는 역할을 하는 부유물
식자이다. 인천의 선재도는 우리나라에서 단위 면적당 바지락 생산량이 가장 많다.

분해되지 않은 유기물은 다시 해저에서 분해 과정을 거치며 해저로 침
강되어 쌓이는 분과 위분을 생물원퇴적물(生物源堆積物)이라 한다. 그
리고 '부유 물질의 여과→유기물의 섭취 후 동물체 내에서 결집 작용
→배설물로 배출→해저에 퇴적'되는 과정을 생물원퇴적 또는 생물퇴
적이라 한다.

갯벌의 주요 부유물식자에는 해면동물, 갑각류의 따개비류, 꽃갯지
렁이와 석회관갯지렁이를 포함하는 관서다모류, 이매패류의 홍합류나
굴류, 척색동물의 멍게류 등 딱딱한 기질에 고착하는 생물군과 모래나
펄에 서식하는 이동성 생물군인 조개류가 있다.

바지락이나 대합(백합) 등의 이매패류는 아가미의 표면에 있는 섬모
를 움직여 수류를 일으켜 입수관으로 해수를 취하는데 이때 해수와 함

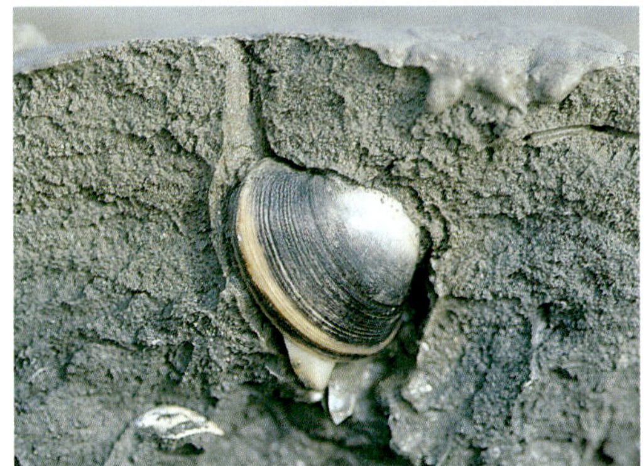

동죽 입수관으로 해수를 취하고 해수와 함께 들어온 먹이를 아가미의 점액으로 감싼 뒤 입 주위에 있는 순판을 움직여 입으로 가져 간다.

께 들어온 먹이를 아가미의 점액으로 감싼 뒤 입 주위에 있는 순판을 움직여 입으로 가져 간다. 입수관을 통해 체내로 들어오는 바닷물의 양은 홍합의 경우 한 개체가 하루에 약 50리터, 굴은 한 시간에 1리터 정도라는 연구 결과가 있다. 물이 빠지는 간조 때에는 바닷물이 없는 상태이므로 여수량(濾水量)이 더욱 적겠지만 갯벌에 사는 이매패류가 적어도 하루에 5~10리터의 해수를 여과한다는 계산이 된다.

한편 부유물식자의 먹이에는 재부유에 의해 현탁된 상태로 있는 저서성 미소조류나 편모조류도 있다. 특히 수심이 얕은 곳에서 해수의 표층을 플랑크톤 네트로 끌었을 때 개펄 표면의 부착성 규조류가 식물 플랑크톤에 섞여 나타나는 것은 잘 알려진 현상이다. 또 밀물 때 조석에 의한 물의 이동이 센 장소에서는 저서성 미소 조류가 부유되기 쉽다. 우리나라 서해안에 있는 대표적인 종류로는 파랄리아 설카타(*Paralia sulcata*)를 들 수 있다.

개펄의 청소부, 퇴적물식자

해저의 표면이나 모래, 펄 속에 있는 유기물을 영양원으로 하는 퇴적

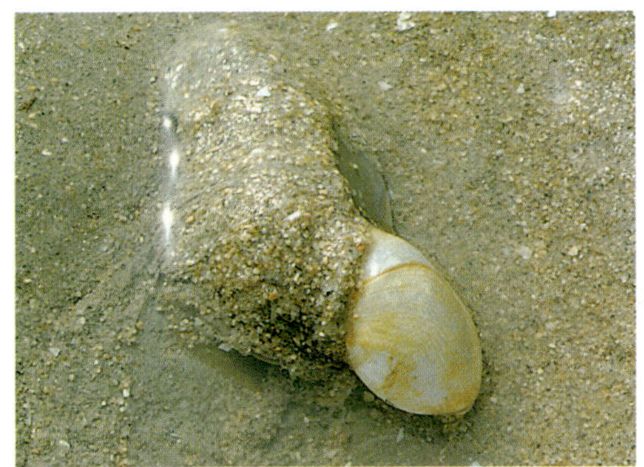

민칭이 우리나라 갯벌에서 집단으로 서식하는 표층 퇴적물식자이다. 신생 퇴적물이나 살아 있는 미생물이 풍부한 저표 퇴적물을 먹는 데 적합한 섭식을 한다.

물식자는 입자의 구성 성분이나 크기를 선택적으로 또는 비선택적으로 섭취한다. 갯벌을 구성하는 펄이나 모래를 떠다기 고배율의 현미경으로 관찰하면 박테리아 피막이 입혀진 무기물인 모래 알갱이와 유기 쇄실물이라 부르는 입자 상내의 유기 물실 등으로 구성되어 있는 것을 볼 수 있다.

퇴적물식자는 이렇게 복합적인 혼합물을 먹이로 취하는데 모래 알갱이의 표면이나 입자들 사이의 간극수 내에 존재하는 미생물 또는 중형 저서동물 등을 용존되어 있는 유기물과 함께 흡수할 수도 있다. 또 봄철에는 식물 플랑크톤인 규조류나 편모조류가 대량 번식하며 그 후 이들의 사체와 동물 플랑크톤인 요각류의 분괴 등이 밑바닥에 퇴적되어 입자성 유기 물질의 공급원으로 작용하기도 한다.

입상의 유기 물질은 밑바닥에 사는 퇴적물식자의 장을 통과하여 분괴라는 입자의 결집 형태로 몸 밖으로 배출된다. 퇴적물식자인 저서성 갯지렁이류는 수직의 서관을 만들어 밀집 개체군을 형성하는 종류도 있는데 만약 이들이 서관의 아래쪽 끝에서 퇴적물을 섭취한다면 퇴적물의 많은 양이 표층으로 수송된다. 또 밀집된 서관은 모래나 펄을 물

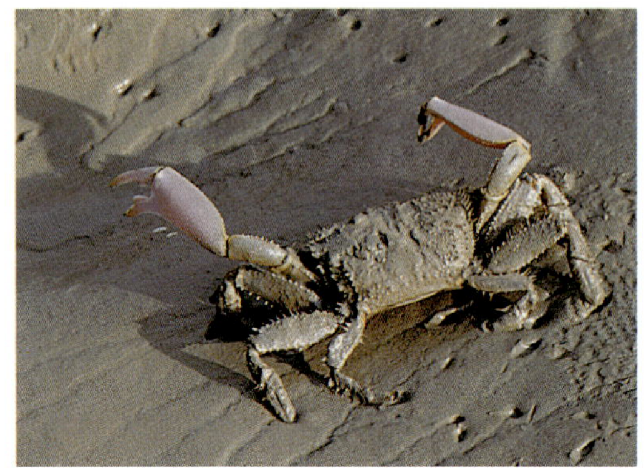

칠게 굴집을 파고 그 구멍 가까이에서 기다란 눈을 세워 주위를 살피며 펄 속의 유기물을 골라 먹는다.

리적으로 묶어 두어 매트를 만들고 저질을 단단하게 하여 결국 밑바닥을 안정시키는 결과를 가져온다. 따라서 저서성 갯지렁이류는 퇴적물 안정자의 역할을 하기도 한다.

퇴적물식자들 중에서 이매패류인 접시조개류, 해저의 표면을 기어다니는 소형 고둥류, 갑각류의 일부와 유령갯지렁이류, 실타래갯지렁이류 등은 신생 퇴적물이나 살아 있는 미생물이 풍부한 저표 퇴적물을 먹는 데 적합한 섭식을 하기 때문에 선택적 퇴적물식 또는 저표 퇴적물식을 한다고 불린다. 이와는 반대로 이매패류 중에서도 아기호두조개류와 맵시조개류, 다모류에서는 대나무갯지렁이류와 빗갯지렁이류, 반색동물에서 별벌레아재비류, 해삼류에서 고구마해삼류와 닻해삼류 등은 저표 아래의 사니질 퇴적물을 무차별로 삼켜서 그 속에 포함된 유기물을 소화 흡수하고 많은 양의 모래펄을 분으로 배설하므로 비선택적 퇴적물식 또는 표면하 퇴적물식을 한다고 불린다.

대표적인 저표 퇴적물식자인 갯고둥이나 민칭이와 모래갯벌의 고조선 부근에 수직으로 구멍을 파고 사는 게류인 엽낭게와 달랑게, 펄갯벌의 상부 조간대에 구멍을 파고 집단으로 서식하는 칠게와 넓적콩게 등은 모두가 갯벌에 집단으로 서식하는 동물들이다.

엽낭게는 양쪽 집게다리로 번갈아 모래를 떠서 입으로 가져가며 턱다리[顎脚]로 규조류나 데트리터스를 모래로부터 골라내는데 그 효율이 매우 높다고 한다. 먹이를 골라내고 남은 모래는 덩이로 내다버리기 때문에 바닷물이 나간 지 몇 시간이 지나면 게 구멍 주위에 작은 모래덩이들이 많이 깔려 있는 것이 큰 특징이다.

잡식자와 부식자

갯벌에는 순수한 초식성 1차 소비자들 이외에도 먹이 선택의 폭이 넓은 동물들이 생활하고 있다. 방게나 도둑게 등은 완전한 잡식성이며 동

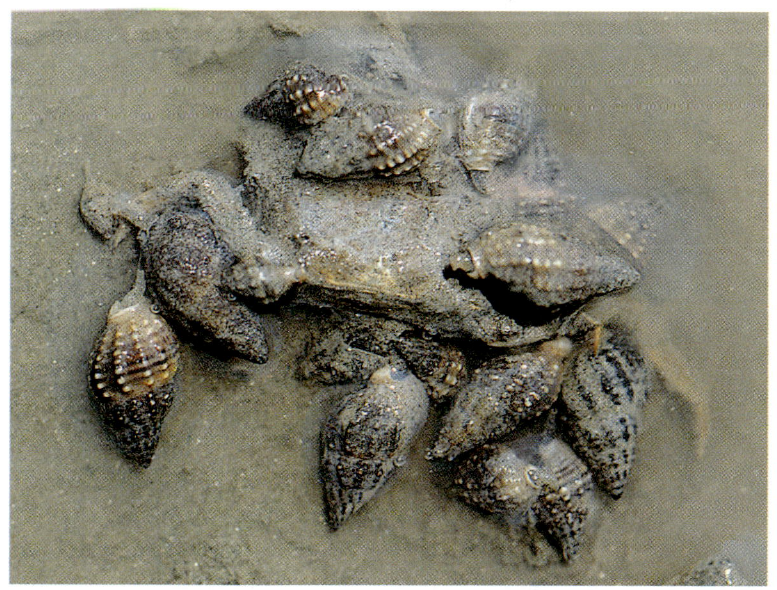

갯벌의 사해식자 왕좁쌀무늬고둥 조개류나 게 등의 죽은 시체에 몰려 먹어 치우는 부식자이다. 특히 펄이나 모래펄갯벌에서 쉽게 볼 수 있다.

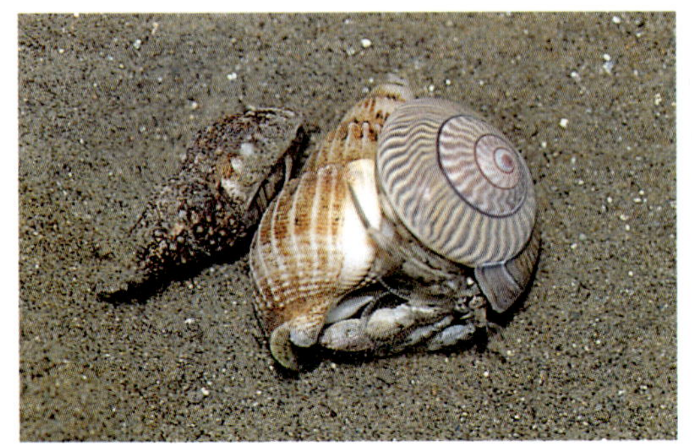

넓적왼손집게의 고둥 포식
갯벌에서 비교적 흔하게 볼 수 있는 넓적왼손집게가 왕좁쌀무늬고둥을 포식하는 순간이다.

물이나 식물을 생사에 관계없이 잡아먹는다. 또한 갯벌에서는 왕좁쌀무늬고둥을 비롯한 좁쌀무늬고둥이 조개류나 게 등의 죽은 시체에 몰려 있는 것을 흔히 볼 수 있다. 이들은 부패된 동물 주위에 모여 먹어 치우기 때문에 부식자(腐食者)라고 불리며 갯벌의 사해식자(死骸食者)로 잘 알려져 있다.

하구역 갯벌의 대표적인 표층 퇴적물식자인 참갯지렁이도 매우 넓은 범위의 먹이를 취하는데, 그것의 위 내용물을 조사하면 규조류, 선충류, 요각류 또는 그 알이나 식물의 작은 파편에서 데트리터스에 이르기까지 매우 다양하다.

포식자

복족류 중에는 갯고둥이나 왕좁쌀무늬고둥처럼 먹이 선택의 폭이 넓은 종류뿐만 아니라 큰구슬우렁이나 흰민칭이처럼 완전히 육식성인 종류도 있다. 이러한 육식자들의 먹이 생물은 주로 이매패류가 된다. 미국산 고둥류인 우로살핑크스(*Urosalpinx cinerea*)는 우리나라에서는 대수리에 가까운 종류로 굴이나 홍합의 조가비에 구멍을 뚫고 내부의 살을 빼먹는다.

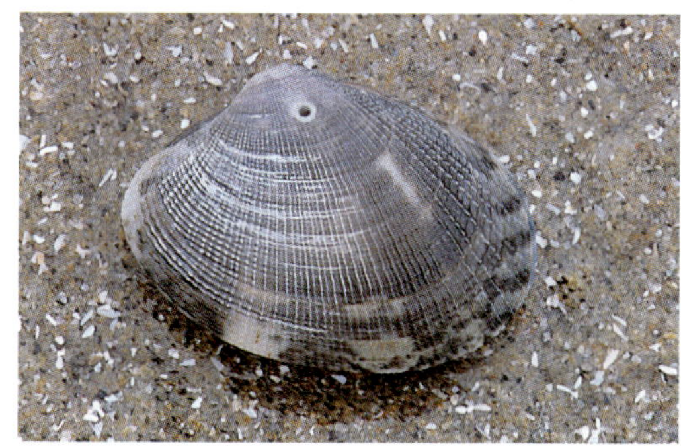

바지락이 잡아먹힌 흔적
큰구슬우렁이나 갯우렁이가
보조 천공 기관에서 산성의
액즙을 분비하여 조가비를
녹이고 치설로 구멍을 뚫어
내장 기관이나 살을 먹은
흔적이다.

캐리커(Carriker) 등의 연구자가 조사한 바에 따르면 이러한 육식자들
은 발의 앞쪽 끝에 있는 보조 천공 기관(accessory boring organ, ABO)에
서 산성의 액즙을 분비하여 조가비를 녹여 연하게 한 다음 치설(齒舌)
의 도움으로 구멍을 뚫고 입주머니를 집어 넣어 먹이의 내장 기관이나
살을 먹는다. 그렇다면 이들은 하루에 몇 개체의 먹이를 필요로 한가?
아직까지 분명하지는 않지만 실험실 수조에서 관찰한 바에 따르면 큰
구슬우렁이는 중간 크기의 바지락 다섯 개체를 하루에 소비하였다.

갯벌에서 가장 높은 영양 단계에 있는 동물에는 만조 때 상향 포식
(bottom-up predation)을 하는 어류와 대형의 게, 새우류를 비롯하여 도요
새류나 물떼새류처럼 간조 때 하향 포식(top-down predation)을 하는 철
새 등이 있다.

갯벌을 생활 기반으로 하는 대표적인 어류에는 문절망둑이 있는데
참갯지렁이 등의 다모류나 기타 소형의 갑각류 등을 먹이로 한다. 가자
미나 넙치류 등 많은 어류들이 특히 알에서 깬 지 얼마 안 되는 치어
(稚魚) 때에 갯벌에 많이 의존하여 생활하며 봄에서 초여름에 걸쳐 갯
벌의 조수 웅덩이에서 떼를 지어 소형의 갑각류나 갯지렁이류를 잡아
먹는다.

조류 중에는 도요새류와 물떼새류를 비롯하여 오리류, 갈매기류 등이 갯벌 생물을 먹이로 한다. 민물도요는 엽낭게나 참갯지렁이를 잡아먹고 꼬까도요는 따개비나 옆새우류를 잘 먹는다. 알락꼬리마도요, 마도요 등 부리가 크고 긴 종류는 칠게처럼 중간 크기의 게들을 잘 잡아먹는다. 따라서 어류를 포함하여 갯벌의 거의 모든 동물들이 철새들의 먹이가 된다.

갯벌에서 먹이를 구하는 도요새류나 물떼새류의 먹이 내용물에 대하여는 비교적 많은 연구가 되어 있는데 같은 종 내에서도 계절이나 장소에 따라 다르며 매우 다양하다. 결국 먹이 내용물은 그 종이 가지는 먹이 선호성보다는 주로 미채식 장소(微採食場所)의 선호성에 따라 결정되는 것으로 보인다. 또 채식하는 방법이나 먹이 생물의 공간적 배치 등의 생물적 요인도 관련된다.

상향 포식/하향 포식 갯벌 생태계의 먹이사슬을 이야기할 때 쓰이는 용어로 평소에는 조하대에서 포식 활동을 하다가 만조가 되면서 갯벌 생물들을 포식하는 형태를 상향 포식(上向捕食)이라 하며 주로 저어류, 대형 새우류나 게 등이 여기에 포함된다. 반대로 간조가 되면 물이 빠져 이들이 조하대로 밀려가고 대신에 바다새들이 갯벌 생물들을 포식하게 되는데 이를 하향 포식(下向捕食)이라 한다.

다양한 갯벌의 기능

갯벌과 염습지 식생을 포함하는 연안 습지 생태계는 왜 보존하여야만 하는가? 이 문제에 답하려면 갯벌괴 염습지 식생의 기능과 가치를 구체적으로 살펴보아야 한다.

연안 습지 생태계의 기능

연안 습지 생태계는 자연 정화조로서의 기능을 수행할 뿐만 아니라 자연 재해와 기후를 조절하고, 연안 생태계를 지탱하는 생태적인 기능을 수행하며 양식업 등에 이용됨으로써 경제적 가치를 발휘한다. 최근에는 관광이나 휴식을 위한 장소로 각광을 받고 있으며 더불어 자연 탐구 학습을 위한 교육의 장소가 되고 있다.

자연 정화조의 기능

습지는 더욱 높은 육상부에서 흘러내려 온 빗물이 모여 더 큰 강에 도달하기 전이나 강의 중상류로부터 흘러내려 온 하천수가 바닷물과

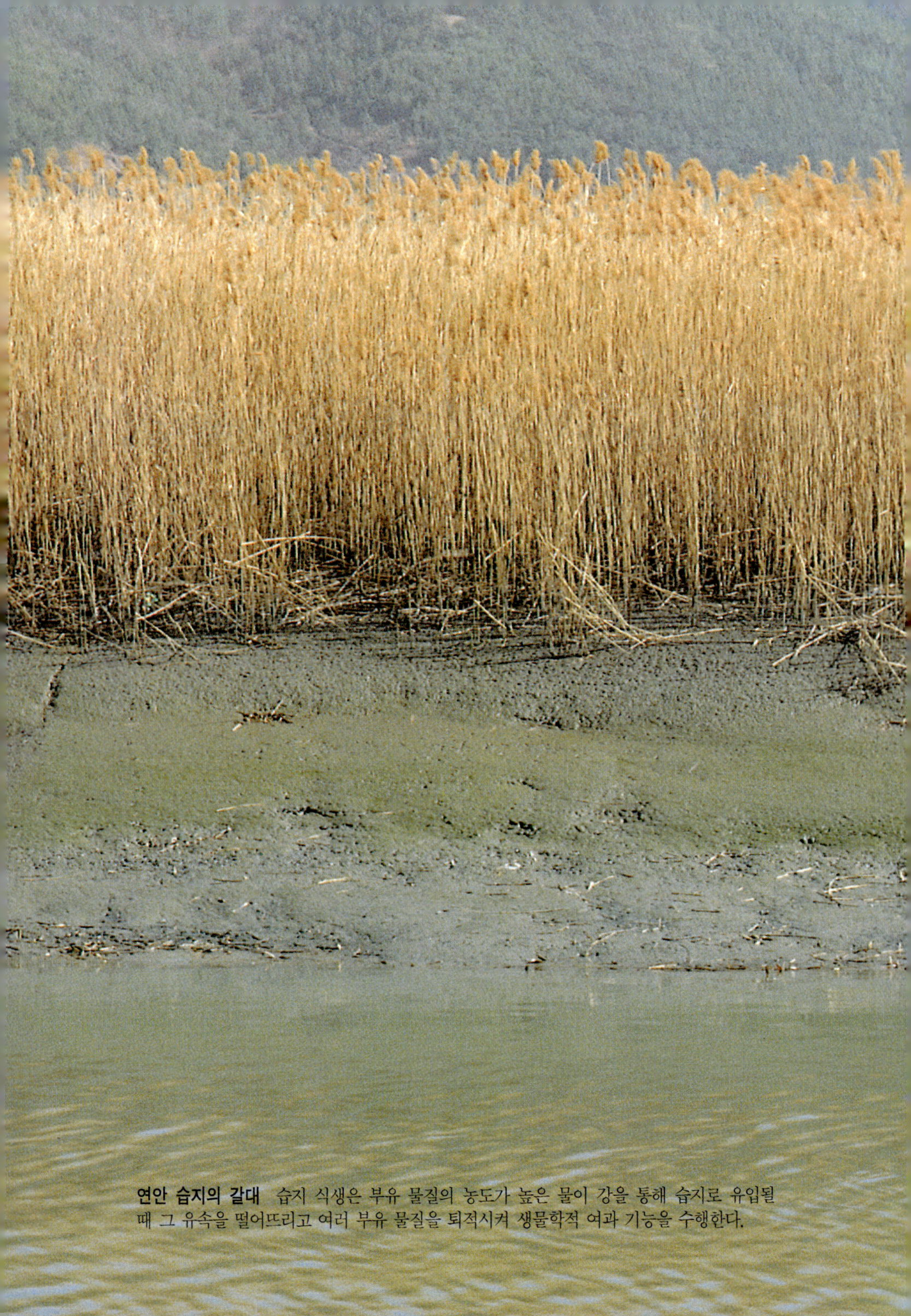

연안 습지의 갈대 습지 식생은 부유 물질의 농도가 높은 물이 강을 통해 습지로 유입될 때 그 유속을 떨어뜨리고 여러 부유 물질을 퇴적시켜 생물학적 여과 기능을 수행한다.

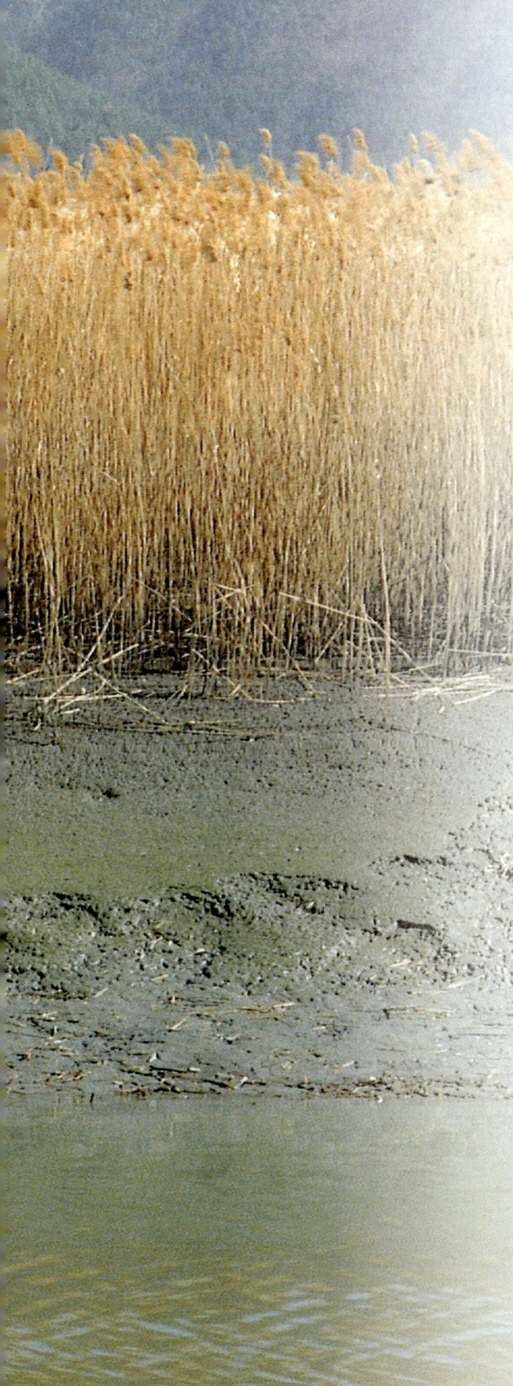

만나기 전에 차단하는 중요한 여과 능력을 가진다. 이렇게 빗물이 바다로 흘러내려 가는 과정을 통해 염습지 식생이나 갯벌은 과잉의 영양염류나 오염 물질을 흡수할 뿐만 아니라 수로를 막고, 어류나 기타 해양 생물의 난(卵) 발생에 영향을 미치는 부유 퇴적물을 감소시키는 역할을 한다.

부유 물질의 농도가 높은 물이 강을 통해 습지로 유입될 때 습지의 가장자리에 밀생하는 식생이 유속을 떨어뜨려 여러 가지 부유 물질을 퇴적시킨다. 갈대나 부들과 같은 식생으로 덮인 온대 지역에서는 최대 95퍼센트 정도의 수중 부유 물질이 제거된다. 생화학적으로는 탈질 작용처럼 혐기성 또는 호기성 미생물의 작용과 기타 화학적 침전 작용이 있어 특정 화학 물질을 물에서 제거하기도 한다.

실제로 1990년에 조사된 연구 결과를 보면 미국 남캐롤라이나의 콩가리 저습 지대(Congaree Bottomland Hardwood)의 늪지가 없었다면 그 지역은 적어도 500만 달러 정도의 폐수 처리장이 필요하였을 것으로 조사되었다. 1997년 코스탄자(Costanza) 등이 과학저널 『Nature』에 기고한 연구에서도 염습지의 정화 기능이 전체 경제적 가치의 67퍼센트를 차지한다고 계산하였다.

자연 재해와 기후 조절의 기능

습지는 마치 '자연의 스펀지'처럼 홍수나 빗물 등 표면수의 급류를 일차적으로 차단하여 흡수한 뒤 천천히 방류시키는 동시에 많은 양의 물을 저장할 수 있기 때문에 순간적으로 일어날 수 있는 높은 수위를 일단 낮출 수 있다. 따라서 하안(河岸)이나 해안의 침식을 막고 홍수의 피해도 최소화하는 완충지의 역할을 한다.

특히 도시 하천수 주변의 습지는 빌딩이나 포장도로 위에서 흘러내리는 표면수의 급작스런 증가로 일어나는 범람의 피해를 완화시켜 주는 역할을 한다. 이렇듯 습지가 해안 침식을 막고 조절하는 능력이 매우 중요하기 때문에 미국의 일부 주정부에서는 태풍이나 허리케인 등으로 일어나는 거센 파도를 완화시키기 위하여 습지를 복원하고 있다.

습지를 구성하는 식물의 뿌리는 토사를 붙잡아 고정하고, 줄기나 잎은 파랑 에너지를 흡수하며 강한 유속을 약화시킨다. 특히 해안 습지가 토사를 고정시키면 자연히 지반이 상승되기 때문에 최근에 지구 온난화에 따라 해수면이 상승함으로써 일어나는 피해에 대한 효과적인 대비책으로 알려지고 있다.

또한 갯벌이나 염습지 식생, 기타 내륙 습지는 기후를 조절하는 기능을 가지는데 지역에 따라 그 면적이 방대하면 국지적으로 대기의 온도와 습도를 조절한다.

생태적 기능

미국에서는 현재 멸종 위기에 처하거나 위협을 받고 있는 생물 종의 약 3분의 1 이상이 습지 생태계에서만 발견된다는 보고가 있다. 또한 미국의 전체 생물 다양성의 거의 절반이 습지 생태계에 의존하고 있다고 한다. 최근에는 염습지 식생과 갯벌로 구성되는 해안 습지가 전체 해양 생물의 다양성을 부양하는 데 있어서 가장 중요한 역할을 담당하는 해양 생태계라는 것이 과학적으로 입증되었다.

해양 생태계 중에서 1차 생산력의 연평균 생산율을 살펴보면 하구역이나 해조숲—산호초 생태계의 생산력이 대륙붕이나 용승 해역보다 4배 정도 더 높고 외해역보다는 거의 10배 이상 차이가 난다. 또 습지 생태계의 생산력이 대륙붕보다는 10배, 외해역보다는 거의 30배 이상 높아 지구상에서 가장 높은 생산력을 보인다. 다만 외해역은 생산력이 낮다 할지라도 그 면적이 전세계 해역의 90퍼센트 이상이기 때문에 지구 해양 생산력의 60퍼센트 이상을 차지한다.

한편 갯벌은 회유하는 철새들의 중간 기착지로서 에너지를 재충전하기 위한 급식이나 휴식 또는 번식 장소로 이용된다. 어떤 종류의 철새들은 특정 습지를 통과하여야만 하기 때문에 세계적으로 중요한 습지

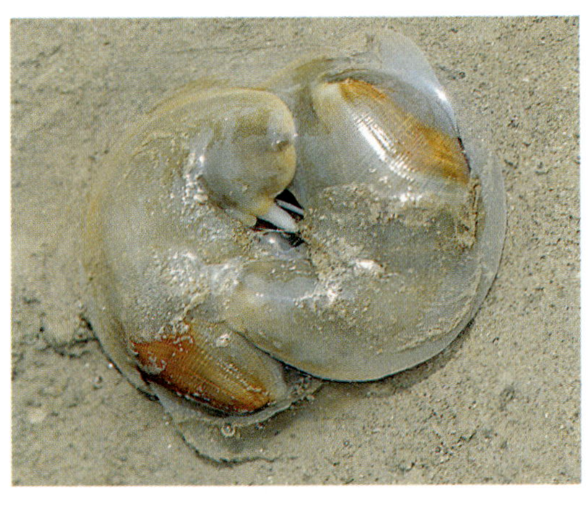

민칭이의 교미 늦은봄이나 초여름이면 민칭이의 짝짓기를 볼 수 있다.

들을 보존하기 위하여 람사협약이 제정되었다.

우리나라 서해안의 갯벌은 그 규모에 걸맞게 생물 다양성이 매우 높다. 필자의 연구실에서는 지난 3년여 동안 인천 용유도의 을왕리와 덕교리 갯벌에서 저서성 대형 무척추동물을 계절별로 조사하였는데 그 결과 갯지렁이류, 갑각류, 연체동물 등 총 214종이 발견되었다. 이 중에는 우리나라에서 맨 처음으로 세계 학계에 신종 보고된 것만도 단각류 5종과 주변 간석지에서 발견된 갯지렁이류 2종이 있다. 특히 미소 갑각류에 속하는 단각류 5종은 용유도 갯벌에서, 제물포백금갯지렁이는 인천 주변 조간대 상부의 펄갯벌에서 집단 서식하는 것으로 밝혀져 앞으로 이들 서식처의 보호 대책이 요구된다.

경제적 가치

대부분의 상업성 어류나 게, 새우류 등은 하구역이나 주변 연안의 염습지 식생 또는 갯벌에서 알을 낳거나 어린 시기를 보낸다. 우리 식탁에 오르내리는 해산물의 3분의 2 이상이 바로 갯벌이나 염습지 식생에서 생의 일부를 보내는 종들이다. 저 먼 동중국해나 황해의 중앙부에서 어획하여 수협이나 어판장에서 판매하는 각종 어종들도 얼핏 보면 원양에서만 서식하는 종처럼 보이지만 그들 대부분이 하구역이나 갯벌, 염습지 식생 등 연안 생태계에 의존하는 것들이다.

해양 생물학자들은 어시장에 나오는 전세계 수산물의 80~90퍼센트가 연안의 천해(淺海) 수역에 직간접으로 의존하는 것으로 본다. 이는 결국 연안 해역의 높은 생산성에 기인하는데 특히 염습지 식생과 갯벌을 포함하는 연안 습지 생태계의 중요성이 가장 높다.

또한 자연 생산물 공급처로서 갯벌의 가치도 중요하다. 외국에서는 연안 습지에서 나는 과일이나 목재 등을 개발하여 이용하기도 한다. 우리나라에서는 연안 습지나 갯벌 그 자체의 이용이나 효용성이 아직 잘 알려지지 않았지만 앞으로는 이곳의 생물들로부터 귀중한 의약품이나 신물질 등이 추출될 수도 있다. 그러므로 다시 한 번 염습지 식생이나 갯벌에서의 생물 다양성 보존을 심각하게 고려하여야 한다.

최근에는 우리나라에서도 머드팩 같은 서해안의 개펄을 이용하는 상품을 개발하였고, 개펄 마사지가 피부 미용에 좋다고 하여 펄갯벌에서 얼굴에 온통 펄칠을 하고 다니는 아가씨들을 가끔씩 볼 수도 있다. 이처럼 갯벌은 새로운 관광 상품으로 떠오르고 있으며 극기 훈련의 장으로도 이용되고 있다. 또 염습지 식생을 구성하는 해홍나물이나 칠면초, 나문재 등의 어린순을 식용으로 이용하는 어촌도 많다.

문화적 기능

최근 들어 습지는 낚시니 해수욕, 휴식, 관광 능을 제공하는 레저 공간으로도 이용되고 있다. 더불어 사진가나 화가, 작가들에게는 아름다운 비디 풍경이나 바나 소리 능으로 작품의 소재를 제공하는 공간이 되어 그 문화적 가치가 더욱 중요시되고 있다. 아스팔트와 콘크리트로 뒤덮인 시가지나 공업 단지에 묻혀 지내다가도 일단 갯벌을 찾아가면 넘실대는 푸른 파도와 눈이 부시게 하얀 모래사장, 광활한 갈대숲, 그리고 그 위를 유유히 나는 갈매기떼 등 우리가 그려오던 자연 그대로의 모습을 만날 수 있다. 따라서 각박한 도시 생활에 시달리는 우리의 마음을 포근하고 풍요롭게 만들어 주는 갯벌을 더 이상 파괴해서는 안 될 것이다.

자연 탐구를 위한 교육 장소로서의 기능

우리나라 서해안의 갯벌은 그 면적으로 보아 캐나다의 동부 해안, 미국의 동부 해안과 북해 연안, 아마존강 유역과 더불어 세계의 5대 갯벌로 꼽힌다.

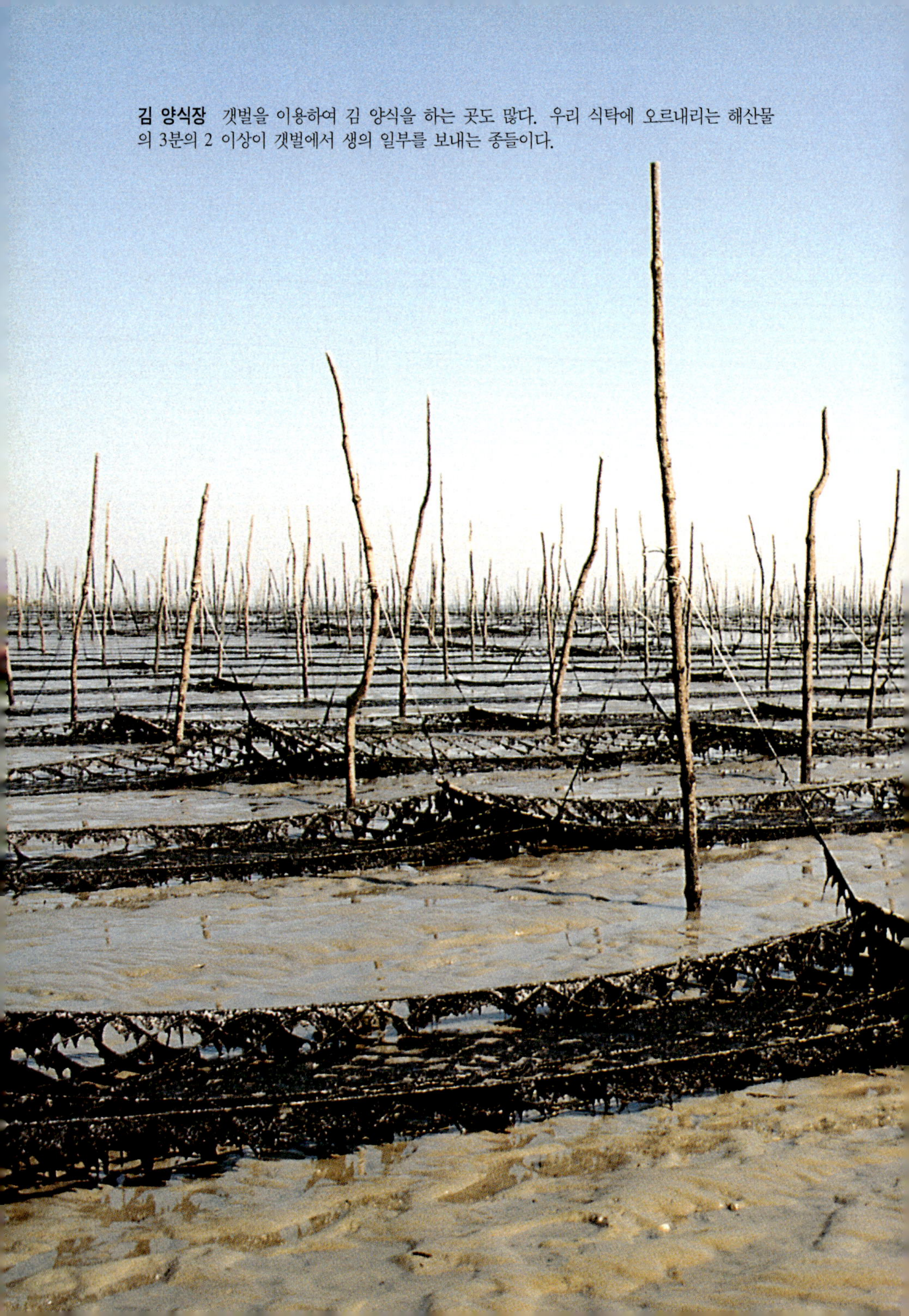

김 양식장 갯벌을 이용하여 김 양식을 하는 곳도 많다. 우리 식탁에 오르내리는 해산물의 3분의 2 이상이 갯벌에서 생의 일부를 보내는 종들이다.

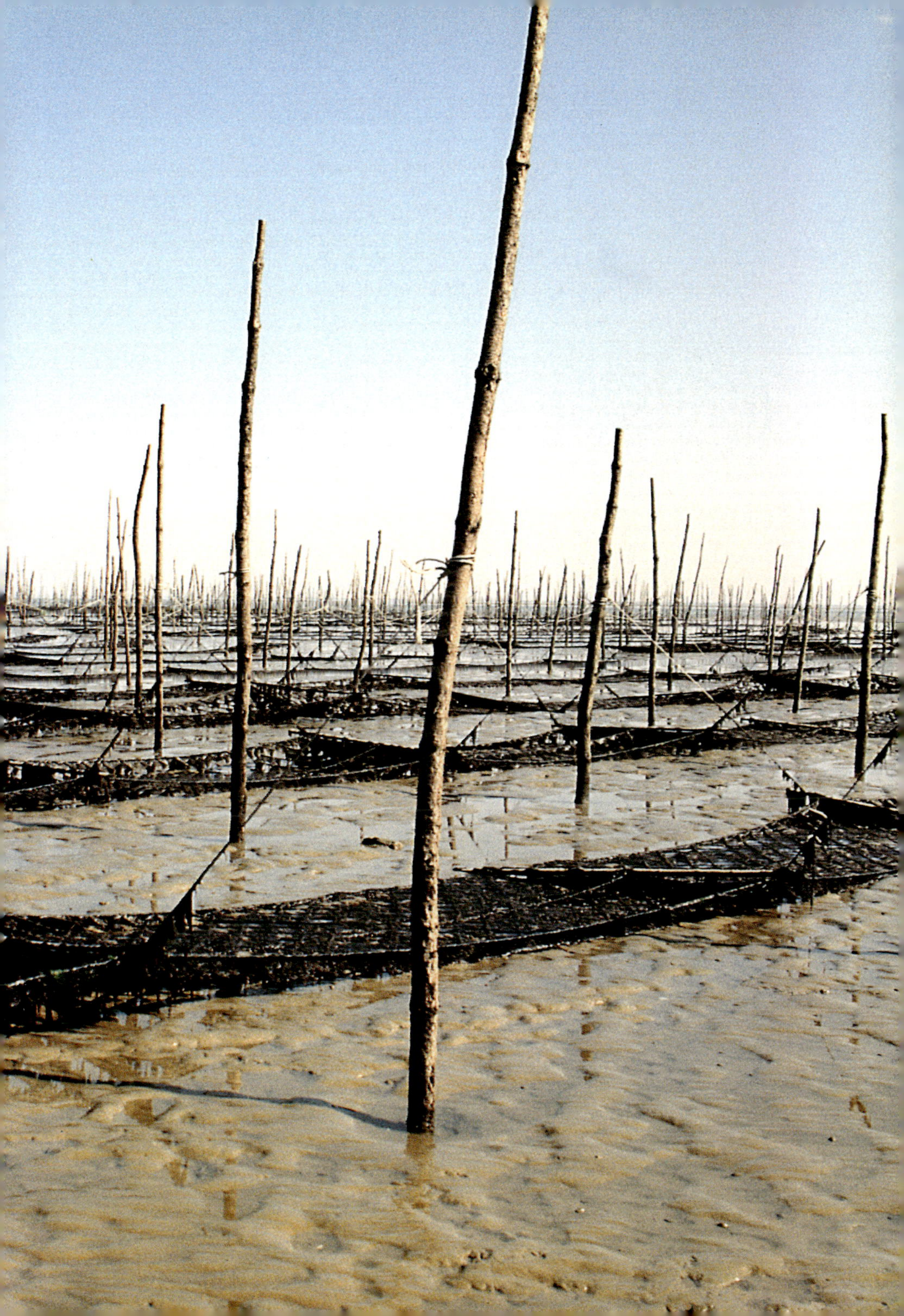

최근에는 갯벌이 한반도의 가장 중요한 생태계로 인식되어 자연 관찰과 탐조(探鳥) 등을 위한 자연 학습장과 학술 연구의 장으로 이용되고 있다. 특히 천수만 일대와 낙동강 하구의 을숙도에 형성된 갈대숲의 연안 습지는 철새들의 중요한 서식지이자 좋은 자연 학습장이 되고 있다.

이렇듯 갯벌의 기능과 가치는 매우 다양하다. 그 가운데 우리의 생명을 지켜 주는 가장 중요한 것이 바로 자연 정화의 기능이다. 최근 일본에서는 갯벌의 자연 정화 기능과 하수 처리 시설의 정화 기능을 수치화하여 비교하는 연구를 발표하여 많은 이들의 관심을 불러일으켰다. 그래서 우리의 갯벌 생물상과 가장 비슷한 이웃 일본의 예를 통해 갯벌의 정화 작용에 대해 좀더 자세히 살펴보고자 한다.

갯벌의 정화 작용

갯벌의 정화 작용은 크게 물리적인 측면과 생물적인 측면 두 가지로 생각할 수 있다. 물리적 측면이란 정화 작용 그 자체가 아니라 정화를 촉진시키는 조건을 제공하는 것으로 여기에는 조석과 파랑의 역할이 크다. 조석이나 파랑으로 해수가 충분히 교란되어 공기 중의 산소가 물에 용해되며 이렇게 용해된 해수 중의 산소는 유기물의 호기적 분해에 필수 조건이다.

조석으로 물이 수직 혼합되면 만조 때 갯벌에 용존하는 산소량은 증가하는 반면 조하대에서의 용존 산소량은 두드러지게 감소한다. 그래서 어떤 해역의 오염 상태를 파악하려면 무엇보다도 해수의 유동 상태를 이해하는 것이 중요하다. 만약 반폐쇄성 해역인 황해에서 해수의 유동을 유발시켜 산소를 공급하는 조석이라는 커다란 물리적 에너지가 없었다면 황해는 아마도 오염으로 사해(死海)가 되었을지도 모른다.

갯벌에서는 간조 때에 바닥이 공기 중에 직접 노출되기 때문에 산소가 골고루 미치지 않는 사니 퇴적물 내의 간극수에도 산소가 용해된다. 이 과정을 통해 정화 작용에 필요한 산소가 갯벌의 물리적 조건에 따라 더욱 효과적으로 공급된다. 산소의 공급은 단지 물리적 교란이나 노출에 따라 이루어지는 것만은 아니며 갯벌 바닥의 부착성 미소 조류와 식물 플랑크톤처럼 1차 생산자들의 광합성 결과에서 유래하는 양도 많다.

물리적 측면의 또 하나의 중요성은 파랑에 의한 동식물의 유해나 분괴의 세편화이다. 동물이나 식물을 막론하고 모든 생물은 사망하면 자신의 산소에 의해 스스로 분해되고 부패 박테리아의 활동으로 사체가 부드러워진다. 그리고 파랑이나 정선 부근에서 모래 알갱이의 상하, 수평 운동은 연해진 동식물의 사체를 더욱 잘게 부수어 준다. 이렇게 잘게 부서진 유기물의 파편들인 데트리터스는 이것을 다시 분해하는 박테리아의 착생 면적을 증대시킬 뿐만 아니라 번식을 쉽게 한다.

정화 작용의 생물학적 측면은 더욱 중요하며 갯벌의 높은 생산력이 그것을 지지한다. 이때 정화 작용이란 유기물의 무기화이기 때문에 이것을 담당하는 박테리아의 작용이 중요하다. 데트리터스의 표면에는 수많은 박테리아가 부착하여 있는데, 박테리아는 단백질을 암모니아로 그리고 다시 질산염으로 분해하고 산화시키며 최종적으로 탄수화물을 무해한 물과 탄산가스로 분해한다.

한편 갯벌에서 비교적 많은 양이 존재하는 조개류도 정화 작용에 대단히 중요한 역할을 한다. 조개류와 같은 여과식자는 부유 물질의 여과 섭식을 통해 수중에 떠다니는 유기물을 제거하는데 조간대의 이매패류가 여과하는 해수의 양은 그 종류와 여과 활동의 시간에 영향을 미치는 조위 등에 따라 다르다.

최근 일본에서 발표한 연구 결과를 보면 갯벌에서 많이 나는 바지락

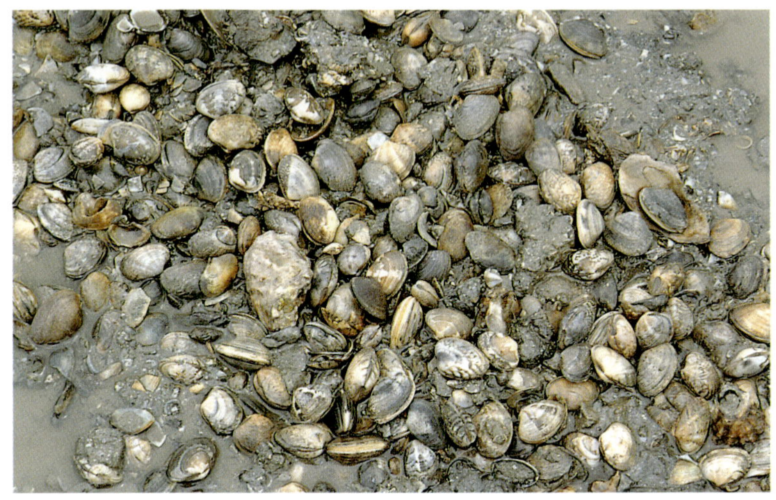

바지락 하루에 최소 2시간 정도 활동을 하는 바지락은 2리터의 해수를 여과한다. 선재도에서는 매일 간조 때 2시간 동안 400여 명이 동원되어 10톤 가량의 바지락을 캔다.

의 경우 3센티미터 정도 되는 한 개체가 한 시간에 평균 약 1리터의 해수를 여과한다고 한다. 갯벌에는 간조와 만조가 있고 바지락이 하루에 최소한 2시간 정도는 활동을 한다고 계산하더라도 하루에 2리터 정도의 해수를 여과한다고 볼 수 있다. 해수 중의 입상 유기물의 양을 1리터당 5밀리그램이라 하고 바지락의 여과 효율을 50퍼센트로 친다면 한 개체가 일년 동안에 갯벌의 해수 중에서 제거하는 데트리터스의 양은 2 그램 정도가 된다. 만약 100제곱미터의 갯벌에 1천 개체의 바지락이 서식한다면 이들이 일년 동안에 제거하는 데트리터스의 양은 2킬로그램에 이르며 여과하는 해수의 양은 400톤에 달한다.

　실제로 우리나라 서해안의 갯벌 면적은 이보다 훨씬 크고 이들의 서식 밀도도 훨씬 높다. 여과식자뿐만 아니라 개펄 속의 유기물을 섭취하는 퇴적물식자까지 포함하여 생각하면 대형 저서동물에 의한 갯벌의 유기물 제거량은 훨씬 더 커질 것이다. 또한 갯벌 생태계에서는 부패물 청소부로 알려진 왕좁쌀무늬고둥 등의 고둥류나 일부 게들이 갯벌 동물의 사체를 먹고 소화, 분해하듯이 먹이 연쇄를 통해 유기물의 무기화가 효율적으로 이루어지고 있다. 갯벌에서 유기물의 분해가 박테리아의 작용에만 의존한다면 그 분해 속도는 매우 느릴 것이다.

하지만 이매패류나 고둥류, 갑각류 등의 현존량이 많은 것은 갯벌의 먹이 연쇄 중에서 소화를 통한 분해와 정화가 더욱 중요한 역할을 담당하고 있다는 것을 보여 준다. 그러므로 우리나라 갯벌 생물 군집의 구조와 종의 조성, 각각의 생물량을 파악하고 각 종들의 먹이 섭취 생태를 알아야 갯벌의 수질 정화 능력을 더욱 정확하게 계산할 수가 있다.

정화 능력과 하수 처리 시설의 비교

최근 우리와 갯벌 생물상이 비슷한 일본의 미카와만 이시키 갯벌(10제곱킬로미터)에서 조사한 연구 결과를 보면 만조 때 외해수로부터 갯벌 위로 수송된 식물 플랑크톤을 중심으로 하는 현탁 유기물은 여과식성 이매패류를 중심으로 한 저서동물들의 활발한 섭식에 따라 대부분 해수로부터 빠른 속도로 제거된다는 것이 정량적으로 밝혀졌다.

이 지역 갯벌에서 현탁물을 제거하는 능력을 여과율로 보면 시간마다 약 8퍼센트의 비율로 감소하는 것으로 나타났고, 이것을 한 조석(12시간) 주기로 계산하면 전체 해수의 96퍼센트를 여과하는 셈이다. 동시에 24시간 동안에 166.6킬로그램의 질소가 소실되었다는 계산이다.

이것을 같은 현탁물의 제거 기능을 갖는 하수 처리 시설과 비교하면 하루에 4,801킬로그램의 C.O.D.(화학적 산소 요구량)를 제거하는 것이다. 이는 계획 처리 인구가 10만 명이고 처리 대상 면적이 25.3제곱킬로미터 정도되는 하수 처리 시설에 상당한다. 이로부터 최종 하수 처리장 건설비를 견적하여 보면 우리 돈으로 약 1,221억 원이고 일년 동안의 유지 관리비가 57억 원이다. 그러나 이것만 가지고는 하수도 시설로서의 기능을 하지 못하므로 여기에 필요한 시설 용지비, 펌프비, 펌프 시설 유지와 관리비를 더하면 대략 하수도 시설의 전체 건설비 총액은 약 8,782억 원으로 계산된다.

하수 처리장 시설은 유지를 위하여 관리비가 필요하지만 갯벌에서는 바지락 등을 수확하여 오히려 수익을 거둘 수 있다. 어획은 바다로부터 영양 물질을 제거하는 것이며 이는 하수 처리장에서 말하는 3차 처리 기능(용존태 질소와 인의 제거)에 해당한다. 이런 관점에서 보면 갯벌에서는 어업으로 수익을 얻는 동시에 자연 환경 정화 사업도 할 수 있다.

결론적으로 갯벌이 존재하지 않는 부영양화 해역에서는 육상으로부터 영양염이 유입되고 바다 그 자체에서 생산된 현탁 유기물이 해저에 쌓이며, 그것을 분해하는 과정에서 산소를 소비하여 심각한 빈산소 수괴를 형성하게 된다. 그러나 갯벌의 존재로 그 현탁 유기물은 대형 저서동물을 중심으로 하는 생물체로 전환되고 갯벌에 저장된다. 이러한 과정을 통해 수산업에 유용한 종은 어획에 의해 육상으로 운반되고 빈산소 수괴나 적조 발생의 악순환은 억제된다. 이때 갯벌의 정화 기능은 여과성 저서동물의 현존량이 많을수록 잘 발휘된다.

따라서 높은 정화 기능을 가지는 갯벌은 곧 생산성이 높은 이매패류 어장이기 때문에 연안 어업의 진흥이 가장 효율적이면서 경제적인 해역 정화의 한 방법이라고 할 수 있다. 그러므로 매립과 간척 등에 의한 우리나라 연안의 개발은 갯벌의 정화 기능과 능력을 반드시 고려하여야 하며 되도록 갯벌이나 잘피밭 등의 해조숲을 파괴하는 일은 피할수록 좋다. 또 인공 갯벌의 조성이나 이매패류 어장의 조성 사업은 어획에 따른 어업 생산액만으로 투자 효과를 계산하여서는 안 되며, 어장이 갖는 정화 기능을 기대 효과에 포함시켜 정책을 입안하여야 한다.

갯벌의 오염과 개발

생태적 보고이자 정화의 장인 갯벌은 이제 연안 개발과 국토 확장이라는 미명 아래 이루어지는 대규모의 매립과 간척으로 공업 단지나 농업 및 도시 용지로 탈바꿈하였을 뿐만 아니라 각종 오염 물질의 야적장이 되어 버렸다. 또한 아직 남아 있는 갯벌에 대해서도 엄청난 개발 계획이 연일 발표되고 있다.

하지만 최근 들어 갯벌의 가치를 재인식하면서 개발보다는 보존이 더 중요하다는 시각이 차츰 확산되고 있으며 민간 환경 단체를 중심으로 갯벌 보존 운동이 활발하게 이루어지고 있다. 따라서 여기에서는 갯벌의 오염 문제와 함께 사라져 가는 우리나라 갯벌의 현황과 그 보존에 대해 살펴보고자 한다.

오염되는 갯벌

해양으로 유입되는 모든 오염 물질은 결국 바다 밑바닥에 퇴적되기 때문에 바다 밑바닥의 오염이 해가 갈수록 심각해지고 있다. 따라서 갯

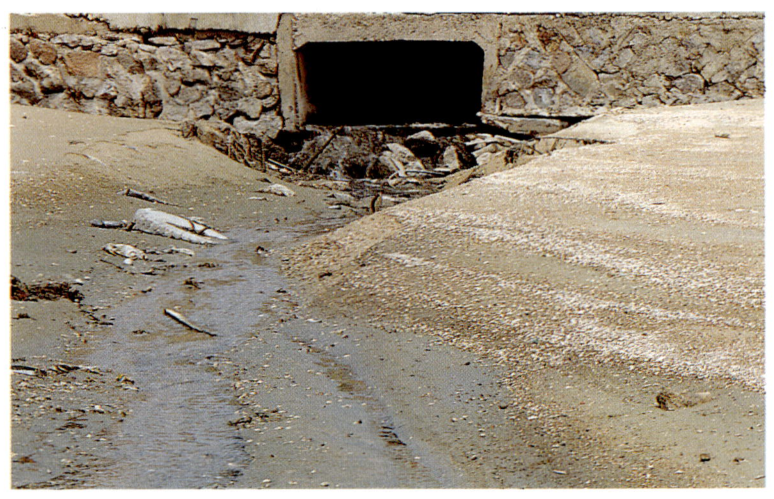

폐수의 유입 처리되지 않은 각종 유해 물질과 유기물 찌꺼기 등이 하천을 경유하여 인근 해역으로 유입된다.

벌의 오염은 바로 우리 바다의 오염이다. 바닷물을 오염시키는 물질에는 생물의 대사 과정에서 필요한 각종 영양염류를 비롯하여 유기물 찌꺼기, 유해 화학 물질 등 그 종류가 많으며 대부분 처리되지 않은 채로 하천을 경유하여 인근 해역으로 유입된다. 특히 공장 폐수에는 유해 물질이 많이 포함되어 있다.

생물에 의해 분해되지 않고 오랜 기간 남아 있는 난분해 또는 비분해성 오염 물질에는 인간의 편리함만을 추구한 결과로 나타난 비닐이나 플라스틱, 유리나 로프 등을 비롯하여 P.C.B.(폴리 염화 비페닐), 카드뮴, 시안, 수은 등 그 종류가 수없이 많다.

예전에 농약으로 대량 사용되었던 D.D.T.와 B.H.C. 그리고 파라티온(유기염소계의 농업용 살충제) 등으로부터 유기염소와 인제도 갯벌에 많이 유입되었다. 이러한 농약들은 우리가 어린 시절 하천이나 호수에

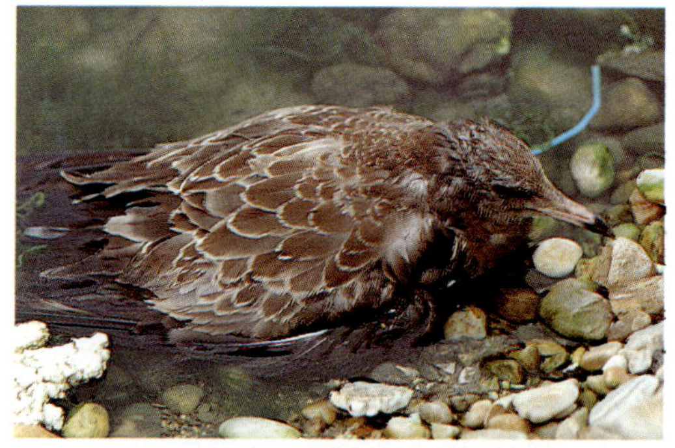

오염된 갯벌의 새 갯벌에 유입된 유해 물질은 어류나 새의 체내에 농축되고 결국 이들을 먹는 우리의 건강까지 해치게 된다.

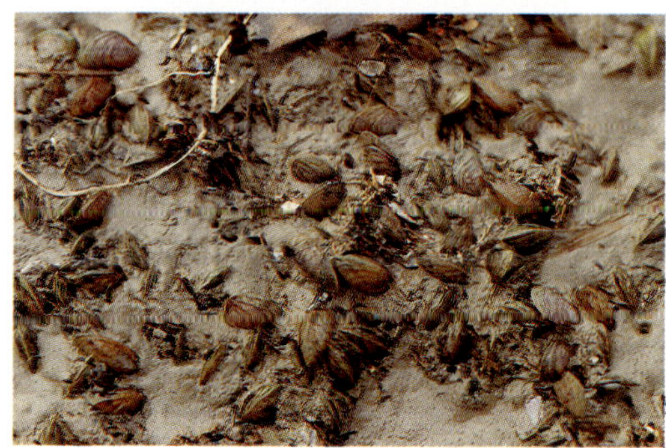

종밋의 대량 서식 조가비의 표면이 매끄럽고 녹자색 광택이 나는 종밋은 오염된 갯벌에 많다. 족사라 불리는 부착기로 서로 결속하여 펄갯벌 위를 마치 매트처럼 다져 놓기 때문에 퇴적물 속이 환원 환경으로 변하여 생물이 살 수 없게 된다.

서 잡으러 다니던 수많은 동물들을 대량으로 폐사시켰다. 개구리, 잠자리, 까마귀 등을 보기 힘들게 된 것도 바로 이러한 이유 때문이며 오늘날에도 이름모를 수많은 수중 생물들이 우리도 모르게 사라지고 있다. 특히 P.C.B.나 D.D.T.처럼 잔류성이 있는 유해 물질은 먹이 사슬에 편입되어 영양 단계가 높은 위치에 있는 어류나 새 등의 체내에 농축되고 결국에는 이들을 먹는 우리의 건강까지 해치기도 한다.

최근에 T.B.T.(유기 주석 화합물)에 의한 남해안 해저 퇴적물의 오염도가 세계 최고 수준이라는 연구 결과가 나와 우리에게 충격을 주고 있다. T.B.T.는 선박의 밑바닥에 따개비나 해조류 등의 오손생물이 달라붙지 못하도록 페인트에 섞어 칠하는 방오제(防汚製)이다. 이 방오제는 대수리, 소라 등 고둥류인 복족류의 암컷을 수컷화시켜 생식 능력을 약화시키는 '임포섹스' 작용을 하는 것으로 이미 밝혀져 있다.

이러한 D.D.T., P.C.B., T.B.T., 다이옥신 등은 '내분비계 교란 물질'로 화학적 구조가 생체 호르몬과 비슷하여 생물체 내로 유입되면 정상적인 호르몬의 기능을 혼란시킬 수 있는 물질들이며 이른바 '환경 호르몬'이란 용어로 잘 알려져 있다. 이런 물질이 바다 생물체 내로 들어간 뒤 마치 호르몬처럼 작용하여 생식 계통의 이상을 일으켜서 성 기능을 마비시키거나 생리 균형을 깨뜨리고 있다는 연구 결과가 많이 나오고 있다.

또한 하수가 유입되는 강에서 잡히는 물고기 중에는 중성화 또는 양성화 현상을 보이는 경우가 많았는데 합성세제가 분해되어 생기는 화학 물질이 원인인 것으로 보인다. 우리 인간도 많은 종류의 화학 물질에 직간접으로 노출되어 있기 때문에 이러한 환경 호르몬의 문제에는 앞으로 더욱 많은 관심을 가져야 할 것이다.

부영양화의 문제

갯벌이나 내만의 오염에 따른 심각한 문제 가운데 하나는 연안 해역의 부영양화이다. 강이나 육상 환경에서 해양으로 공급되는 풍부한 영양염은 부영양화를 일으켜 식물 플랑크톤이나 수초 등을 크게 번식시킨다.

그러나 영양염류가 매우 대량으로 공급되면 부영양을 지나 과영양 상태(hypertrophication)가 되고 특정의 식물 플랑크톤이 일시에 이상적(異常的)으로 크게 번식하여 집적됨으로써 바닷물의 색이 바뀌는 이른바 적조 현상이 발생한다. 2차적으로는 이들 플랑크톤이 분해, 부패되면서 산소를 소비하여 결국 해산동물들에게도 막대한 피해를 준다.

부영양화의 원인이 되는 인산염이나 질산염 등의 영양염류는 대부분 도시 하수나 공장 폐수 등이 섞인 인근 하천에서 유입되어 갯벌로 직접 운반된다. 하천수가 함유하는 영양염류의 양은 오염의 정도에 따라 현저히 다르지만 인구가 밀집되어 있는 주변 도시와 가까울수록 생활 하수나 공장 폐수에서 공급되는 양이 많기 때문에 필연적으로 높은 값을 나타낸다. 특히 하천의 대부분이 아직도 하수화(下水化)되어 있는 경우가 많아서 해수의 수십 배에 달하는 영양염류를 함유하고 있다.

하천수는 암모니아 형태의 질소와 인산염의 주공급원으로, 하천수에서 이들의 농도는 외해역과 비교하여 암모니아 형태의 질소가 20배, 인산염이 30배에 이른다. 유기물 오염의 지표가 되는 암모니아 형태의 질소는 도시 하수나 배설물 중에 많이 함유되어 있고 공장 폐수에도 매우 많은 양이 포함되어 있다. 암모니아는 산화되어 아질산염과 질산염으로 서서히 변하기 때문에 이 물질이 많이 공급되면 그만큼 많은 양의 산소를 소비한다.

인산염과 질산염은 식물 플랑크톤의 번식에 매우 중요한 물질이다. 인산염은 주로 하천수를 통해 공급되며 질산염은 비교적 외해수에 많이 포함되어 있다. 이것은 하천수에서 들어온 암모니아 형태의 질소와 같은 질소 화합물이 갯벌에서 산화된 뒤 장기간에 걸쳐 해수에 방출되어 축척된 결과로 보인다.

이렇게 내만 해역의 해수에는 질산염을 중심으로 한 질소 화합물이 과잉으로 존재한다. 따라서 영양염류가 생물의 대사에 필요한 물질이라 해도 그 양이 과다하면 적조가 자주 발생하고 부영양화나 유기물 오염을 일으킨다.

하지만 현재에는 생물의 분해 작용으로 수계에서 영양염류가 사라지지 않으며 인위적으로 처리할 수 있는 방법도 없다. 다만 과잉으로 물속에 녹아 있는 영양염류를 식물을 이용하여 제거하는 것이 이론적으로는 가능하나 그 전에 하천이나 해양을 하수를 버려도 되는 장소로 생각하는 사람들의 사고 방식 자체가 바뀌어야 한다.

적조와 갯벌

적조란 해양에 서식하는 현미경적 크기의 동식물 플랑크톤과 원생동물, 박테리아와 같은 미생물이 일시에 대량 증식하거나 물리적으로 집적되어 바닷물의 색이 변하고 해양 생태계 전반에 나쁜 영향을 미치는 현상이다.

적조는 수질 오염이 사회 문제화되기 훨씬 이전부터 자연 상태에서도 발생하는 것으로 알려져 있는 현상이다. 서양에서는 『구약성서』의 「출애굽기」에서 적조를 이야기하고 있으며 일본에서는 7세기부터 적조라고 볼 수 있는 기록이 발견되고 있다.

우리나라에는 『조선왕조실록』에서 정종 즉위년인 1398년에 일어난 바다의 이상 현상을 기록하였는데 "경상도 고성현에 천구성(天狗星)이 떨어져 바닷물이 솟아올랐는데 붉기가 피와 같았다"라고 하였다. 또 정종 1년에는 "경상도 바닷물이 울주에서 동래까지 길이 30리, 너비 20리 정도가 피같이 붉었는데 무릇 나흘 동안이나 그러하였다. 수족이 모두 죽었다"라고 하였다.

태종 3년에는 "경상도 기장(機張)의 임을포(林乙浦)에서부터 가을포(加乙浦)에 이르기까지 물이 황색, 흑색, 적색으로 변하였는데 농도가 죽과 같고 전복과 잡어(雜魚)가 모두 죽어서 물 위로 떠올랐다"는 기록이 있다.

이와 같은 기록으로 볼 때 이미 조선시대에도 바닷물이 붉고 농도도 죽과 같은 고밀도의 적조가 발생하였으며 그 결과 수산 생물이 폐사를 일으켰던 것으로 보인다. 아직까지는 이 내용을 적조에 대한 우리나라 최초의 기록으로 보고 있다.

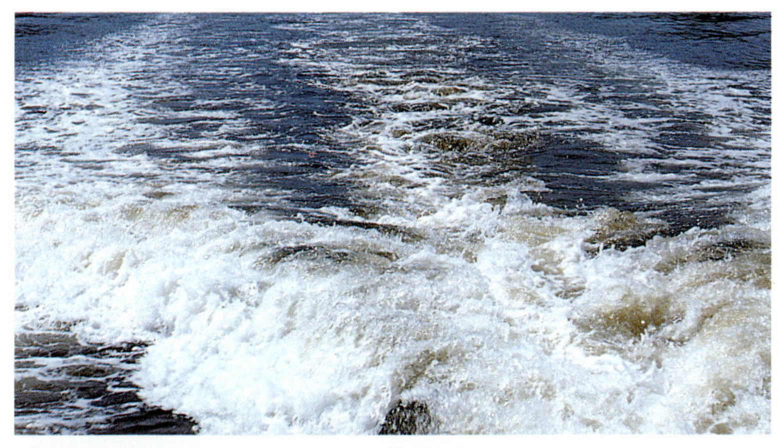

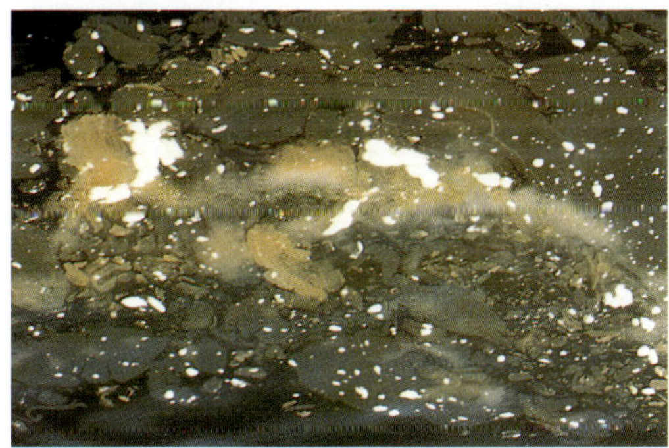

적조 해양에 서식하는 동식물 플랑크톤과 원생동물, 박테리아와 같은 미생물이 일시에 대량 증식하거나 물리적으로 집적되어 바닷물 색이 변하고 해양 생태계 전반에 나쁜 영향을 미치는 현상이다. 사진:국립수산진흥원 김학균 박사(위)와 상명대 이진환 교수(왼쪽).

근래에 이르러서는 1960년대 이후 국가경제개발계획의 실시로 임해 공업 단지가 건설되었고 연안에 신도시가 들어서면서 각종 오염 물질이 연안으로 대량 유입되었다. 그리고 이것은 부영양화에 의한 연안 해역의 해양 오염과 적조 발생으로 진행되었다.

1970년대부터 남해안을 중심으로 간헐적으로 발생하던 적조는 1980년대에 들어서면서 상습적으로 발생하였고, 1990년대 이후에는 양식 생물에 영향을 미쳐 어업 피해를 일으키고 있다. 뿐만 아니라 주변의 일반 해양 생물에도 피해를 주고 있는데 이러한 경향은 앞으로도 지속될 것으로 보인다.

또 적조 생물 중에는 어패류를 독화시키는 것이 있는데 독화된 패류를 사람이 먹으면 마비성, 설사성 중독을 일으켜 건강을 해치기 때문에 사회 경제적으로도 문제가 되고 있다.

적조가 발생하였을 때 바닷물의 색깔은 각각의 원인 생물이 포함하는 색소에 따라 다르게 나타난다. 일반적으로 규조류에 의한 적조는 황갈색을, 와편모조류에 의한 적조는 적갈색이나 황록색을 띤다. 적조의 원인 생물에는 여러 종류가 있으나 식물 플랑크톤이 주류를 이룬다.

현재까지 우리나라에 보고된 적조의 원인 생물은 약 43종이며 이 중에서 4종류는 담수 내지는 기수종이다. 해산종으로는 와편모조류가 20종이고 규조류가 13종이며 라피도조류가 3종이다. 특히 와편모조류의 3종(*Cochlodinium polykrikoides, Gymnodinium mikimotoi, Gyrodinium* sp.)은 수산 생물을 직접 죽일 수 있는 유독종으로 알려져 있다. 최근에는 규조류 적조에서 유독성 와편모조류로 바뀌어 가고 있으며 적조의 농도도 고밀도화되고 있다.

1980년대까지는 일부 폐쇄성 내만에서 소규모 국부적으로 적조가 발생하였으나 1990년대에 들어서는 서해, 남해, 동해의 모든 연안역으로 확대되고 외연화되었다. 또 발생 시기가 1981년까지는 주로 7, 8월이었으나 최근에는 겨울철인 12월이나 2월에도 나타나며 기간도 장기화되고 있다.

적조의 원인 생물 중에서 적조라는 이름에 걸맞게 해면을 분홍빛으로 물들이면서 크게 발생하는 것이 바로 야광충이다. 야광충은 지름이 1밀리미터 정도인 둥근 모양의 편모충류로 우리나라 연안에 매우 흔하게 분포하는 플랑크톤이며 여름철 수온이 높은 시기에 강우 등으로 염분이 낮아졌을 때 크게 번식하기 쉽다.

적조의 원인 생물

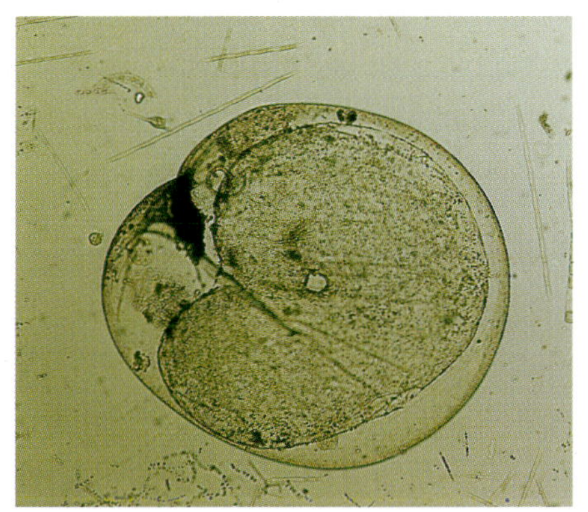

대형의 원생동물이며 편모충류인 야광충(*Noctiluca scintillans*)이나, 해면을 분홍빛으로 물들이는 적조를 일으킨다. 사진: 상명대 이진환 교수.

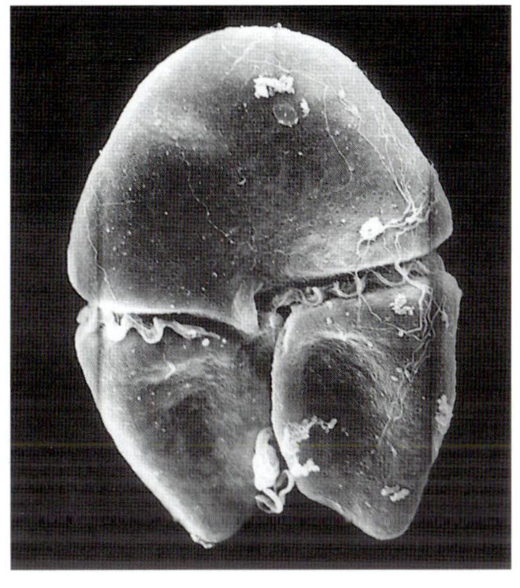

와편모조류인 김노디니움 산기네움(*Gymnodinium sanguineum*)으로 겨울에서 봄에 걸쳐 남해안에서 적조를 일으킨다. 사진: 국립수산진흥원 김학균 박사. (위)

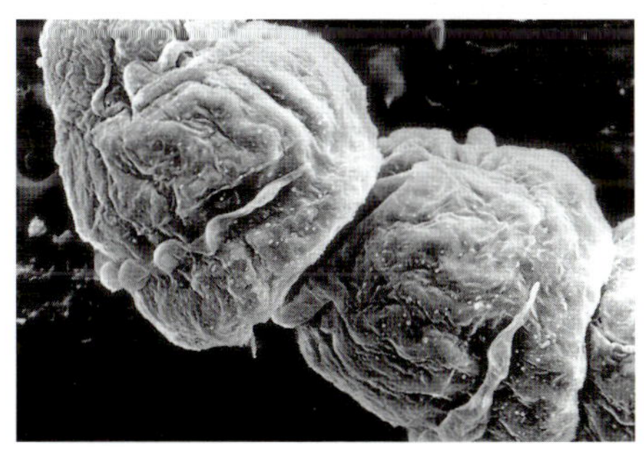

유독종의 황갈색 편모조류인 코클로디니움 폴리크리코이데스(*Cochlodinium polykrikoides*)로서 1990년대 초 이후에 남해 일대에서 적조를 일으켰다. 사진: 국립수산진흥원 김학균 박사. (왼쪽)

일반적으로 와편모조류가 원인이 되는 적조는 다른 생물에게 주는 영향이 매우 크며 갯벌의 어패류를 비롯하여 양식되는 넙치, 조피볼락, 굴, 진주조개 등의 대량 폐사를 일으킨다. 규조류 적조는 동물을 폐사로까지 이르게 하지는 않으나 유영성 동물들은 이러한 적조 발생 지역을 회피하여 다른 곳으로 모습을 감추어 버린다.

적조의 발생 원인은 우선 환경적 특성과 생물적 특성으로 구분할 수 있다. 지금까지 이에 대한 수많은 연구가 있었으나 적조의 원인 생물이 매우 다양하고 그들의 생태와 생리적 특성이 복잡하여 아직까지 정확하고도 구체적인 적조 발생의 메커니즘이 규명되지 못하였다.

다만 이들이 1차 생산자이기 때문에 광합성 활동에 필요한 충분한 일조량과 성장 및 증식에 알맞는 해수의 온도 유지, 일정한 영양염류 농도의 유지, 성장 촉진에 필요한 비타민류와 철·망간 등을 포함하는 미량 원소의 공급 등이 중요한 요소가 된다. 특히 영양염류 중에서도 규산염은 규조류의 피각(皮殼)을 구성하는 성분으로 이들의 증식에 필수적이나 질산염과 인산염은 오히려 편모조류의 증식을 제한하는 인자로 작용한다.

다소 오염도가 높은 갯벌에서는 퇴적물의 표면을 녹갈색으로 변색시킬 정도로 식물이 크게 번식하는 것을 볼 수 있다. 이것은 편모조류인 유트렙티엘라나 저생 규조인 나비쿨라의 대번식에 의한 것으로 일종의 갯벌의 적조라고 할 수 있다. 일반적으로 갯벌에서는 만조 때에 먼바다에서 발생한 적조가 밀려오는 경우는 드물며 저조선 부근에서 물 흐름의 경계를 따라 띠 모양으로 잔 물결이 이는 조목(潮目)이 보이는 경우가 많다.

한편 폐쇄성 내만에서 자주 발생하는 청조(靑潮)는 지역 특성에 따라 그 형성이 다소 다르지만 여름철에 생성된 저층의 빈산소 또는 무산소 수괴가 취송류(吹送流, 해상을 부는 바람과 해면의 마찰로 일어나는 넓은 범위의 느린 해류)에 의해 갯벌로 운반되는 현상으로 어패류의 대량 폐사를 일으키는 경우가 많다.

결론적으로 플랑크톤의 이상 발생인 적조 현상은 연안 해역이 과영양화되고 있다는 증거이다. 따라서 적절한 적조 감시 체제를 확립하고 이를 효율적으로 운영하는 동시에 수산물 피해에 대비한 사전, 사후의 방제 계획 등이 마련되어야 한다. 물론 궁극적으로는 연안의 부영양화 방지를 위한 근본 대책이 필요하다.

사라져 가는 우리 갯벌

1998년에 해양수산부에서 실시한 갯벌 조사 결과에 따르면 우리나라 남한의 서남해안에는 2,393제곱킬로미터의 갯벌이 분포하며, 이는 국토 면적의 2.4퍼센트에 해당된다. 그 가운데 전체 갯벌 면적의 약 83퍼센트인 1,980제곱킬로미터가 서해안 지역에 분포하며 나머지는 남해안에 산재되어 있다.

지역별로는 전남이 44퍼센트, 인천을 포함하는 경기도가 35퍼센트, 충남이 13퍼센트, 전북이 5퍼센트, 부산을 포함한 경남이 3퍼센트이다. 따라서 경기와 전남 지역이 우리나라 갯벌의 대부분인 80퍼센트 정도를 차지하는 셈이다.

현재의 갯벌은 불과 10여 년 전인 1987년보다 전체적으로 약 15퍼센트가 줄어들어 422.4제곱킬로미터가 상실되었는데 그 주된 원인은 간척과 매립이다. 그러나 조사 방법이나 분석 방법 등의 차이가 있어 실제로는 30~40퍼센트 정도 상실되었을 것으로 추정된다. 왜냐하면 시화 지구나 새만금 지구 등지에서 간척과 매립 사업으로 상실된 갯벌의 면적이 810.5제곱킬로미터로 조사되었는데 이 수치만으로도 29퍼센트 정도의 갯벌이 상실된 것이기 때문이다.

갯벌이 이렇게 빨리 사라지는 것은 환경을 외면한 개발, 특히 대규모의 간척 사업 때문이며 지금까지와 같은 속도로 매립과 간척이 계속 이루어진다면 우리나라의 갯벌은 2006년경에는 1960년도의 거의 절반에 해당하는 2천 제곱킬로미터 정도만이 남는다는 계산이 된다.

갯벌 분포도와 간척 현황

자료: 해양수산부, 1998.
　　　농어촌진흥공사, 1996.
(네모 안은 간척 사업 기간과
해당 면적)

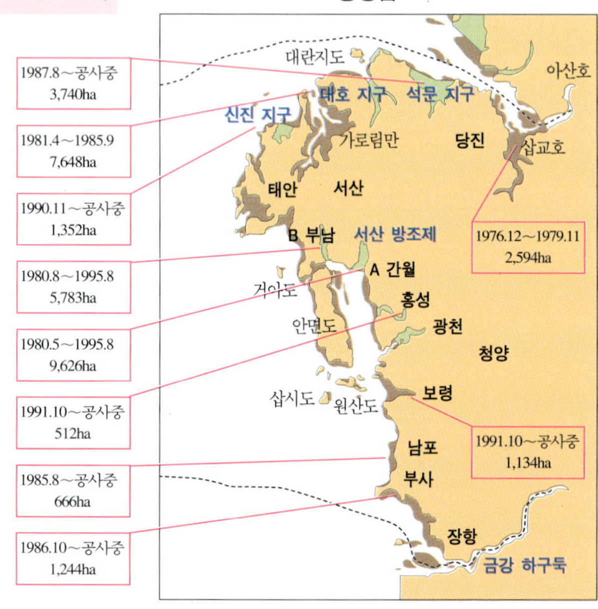

충청남도

1987.8~공사중
3,740ha

1981.4~1985.9
7,648ha

1990.11~공사중
1,352ha

1980.8~1995.8
5,783ha

1980.5~1995.8
9,626ha

1991.10~공사중
512ha

1985.8~공사중
666ha

1986.10~공사중
1,244ha

1976.12~1979.11
2,594ha

1991.10~공사중
1,134ha

대란지도
아산호
대호 지구
석문 지구
신진 지구
가로림만
당진
삽교호
태안
서산
B 부남
서산 방조제
A 간월
거아도
홍성
광천
안면도
청양
보령
삽시도
원산도
남포
부사
장항
금강 하구둑

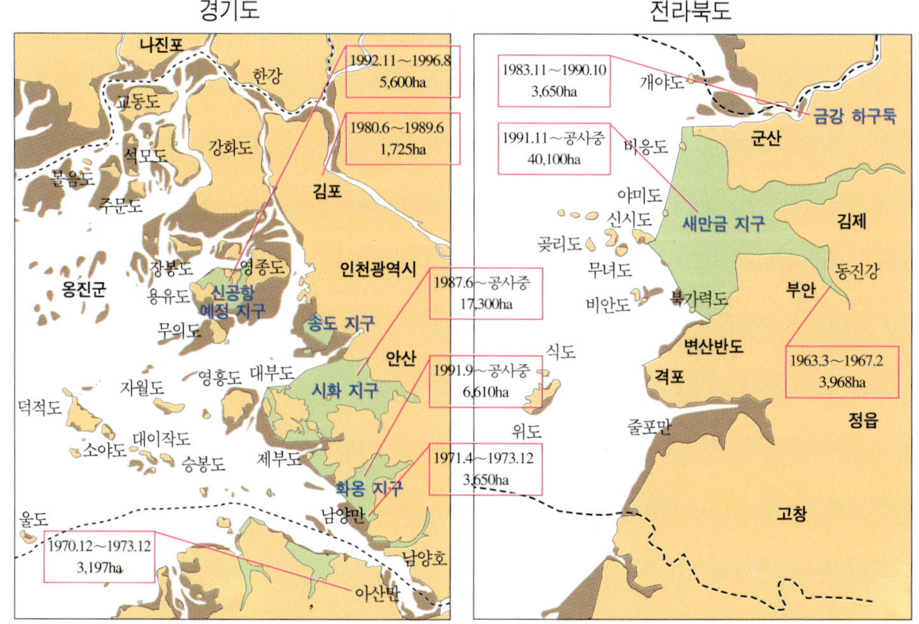

경기도

나진포
한강
교동도
1992.11~1996.8
5,600ha
강화도
1980.6~1989.6
1,725ha
석모도
불음도
김포
주문도
옹진군
장봉도
영종도
인천광역시
용유도
신공항
예정 지구
무의도
송도 지구
1987.6~공사중
17,300ha
안산
덕적도
자월도
영흥도
대부도
시화 지구
1991.9~공사중
6,610ha
소야도
대이작도
식도
승봉도
제부도
위도
1971.4~1973.12
3,650ha
울도
화옹 지구
1970.12~1973.12
3,197ha
남양만
남양호
아산반

전라북도

1983.11~1990.10
3,650ha
개야도
금강 하구둑
1991.11~공사중
40,100ha
비응도
군산
야미도
신시도
새만금 지구
김제
곶리도
무녀도
동진강
비안도
북가력도
부안
변산반도
격포
정읍
줄포만
고창

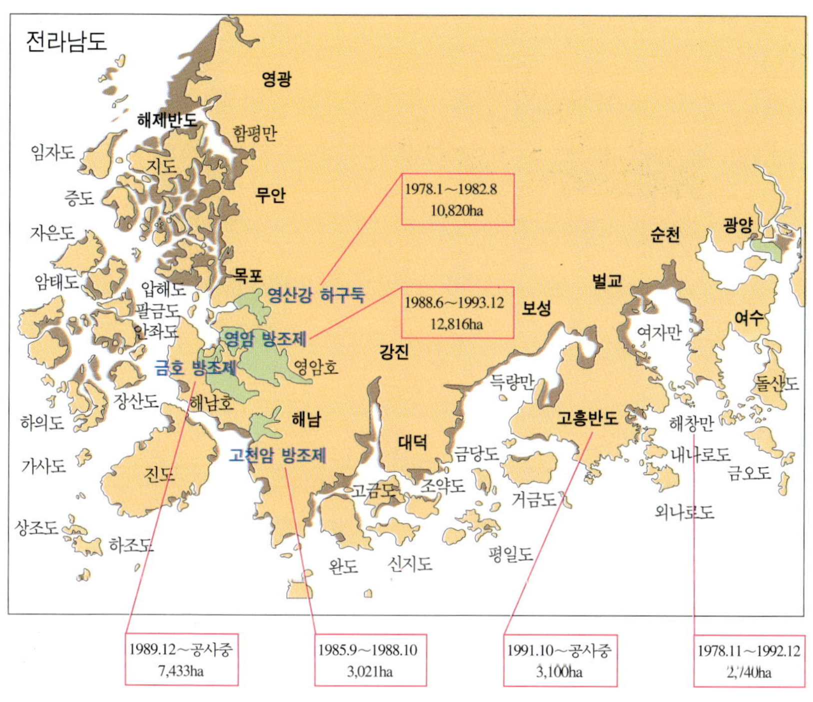

전라남도
영광
해제반도
함평만
임자도
지도
증도
무안
자은도
암태도
압해도
목포
팔금도
안좌도
영산강 하구독
1978.1~1982.8
10,820ha
순천
광양
벌교
영암 방조제
1988.6~1993.12
12,816ha
보성
여수
금호 방조제
영암호
강진
여자만
돌산도
장산도
해남호
득량만
해남
해창만
하의도
고천암 방조제
대덕
고흥반도
내나로도
가사도
진도
금당도
금오도
상조도
고금도
조약도
거금도
외나로도
하조도
완도
신지도
평일도
1989.12~공사중
7,433ha
1985.9~1988.10
3,021ha
1991.10~공사중
3,100ha
1978.11~1992.12
2,740ha

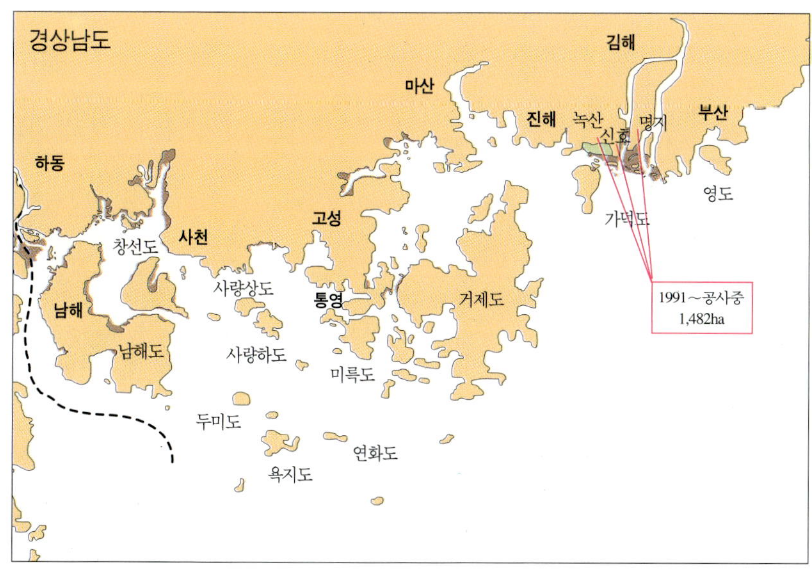

경상남도
김해
마산
진해
녹산
명지
부산
하동
신호
창선도
사천
고성
가덕도
영도
남해
사량상도
통영
거제도
남해도
사량하도
1991~공사중
1,482ha
미륵도
두미도
연화도
욕지도

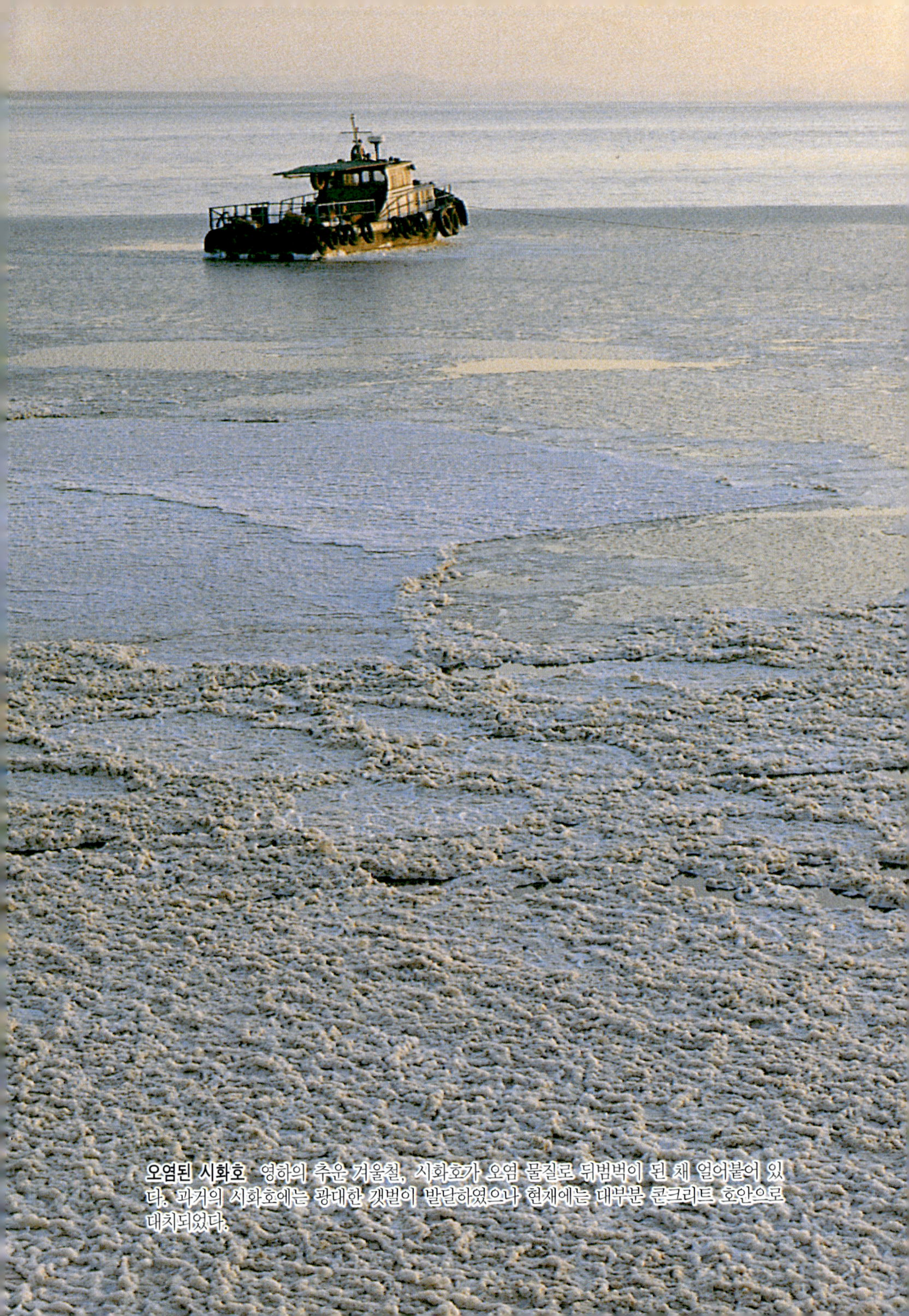

오염된 시화호 영하의 추운 겨울철, 시화호가 오염 물질로 뒤범벅이 된 채 얼어붙어 있다. 과거의 시화호에는 광대한 갯벌이 발달하였으나 현재에는 대부분 콘크리트 호안으로 대치되었다.

그리고 2020년에는 1,500제곱킬로미터 이하로 줄어들게 된다. 이런 추세로 나간다면 세계 5대 갯벌의 하나인 우리 서해안 갯벌이 아예 자취를 감출 날도 그리 멀지 않은 것이다.

우리나라 하구역 갯벌의 수난

하구역은 전세계 어디를 가나 인간이 버리는 모든 폐기물을 가장 많이 받아들이는 곳이다. 인류 문명의 발상지는 사회적 교통의 중심지인 하구역에 주로 발달하였는데 뉴욕이나 런던, 도쿄, 오사카, 상하이 등 세계의 대도시뿐만 아니라 우리나라 서울이나 부산, 군산, 목포 등이 하구역에 위치한다. 미국에서도 전인구의 3분의 1 이상이 하구역에 자리잡고 있다.

하구역으로의 인구 밀집은 필연적으로 공장 건설과 생활 하수 문제를 일으켜 오염을 유발한다. 강물은 육상의 각종 오염 물질과 함께 영양염류와 토사를 바다로 운반하면서 하구역을 부영양화시키고 오염시킨다.

대표적인 남한의 하구 생태계로는 유역 면적이나 길이에 있어서 단연 한강의 하구를 들 수 있으나 이곳은 군사 보안상의 이유로 생태학적 연구가 아직도 제대로 이루어지지 못하고 있는 실정이다.

비교적 연구가 잘 된 하구 생태계로는 삼각주(三角洲)나 사주와 사취가 뚜렷하게 형성되어 있는 낙동강 하구가 있다. 이곳에는 풍부한 영양 염류와 왕성한 생육 상태의 갈대숲이 있었고 비옥한 간석지와 게류, 재첩 등 생산성이 높은 동식물이 분포하였다.

이곳의 넓은 모래펄갯벌에는 담수, 기수 및 해수성 생물들이 각각 서식처 분리를 하면서 살고 있으며 이들을 캐먹거나 잡아먹는 100여 종류의 새들을 끌어들이는 을숙도가 있었다. 사주와 사취에는 내륙으로부터 오는 토사와 바다의 파랑에 밀린 모래가 쌓여 형성과 소멸이 되풀이됨으로써 식생이 타생적(他生的) 순환 천이(循環遷移)를 일으킨다.

그런데 1987년에 낙동강 하구언이 건설되면서 을숙도 하단이 절단되었으며 기수역이 교란됨으로써 동식물 특히 철새의 수가 감소하였다. 전문학자들은 하구언 완공 이후 그 이북의 낙동강 본류에서는 게나 새우 등의 갑각류가 전혀 채집되지 않았으며 조개류의 연체동물도 종수와 개체수가 크게 감소하여 담수종들의 정착이 이루어지지 않은 것으로 추측하고 있다.

하구언 이남의 을숙도 동안(東岸)과 다대포에 이르는 하안의 지역은 석조 제방 공사로 갯벌이 파괴되면서 땅굴 생활을 하는 게류를 포함한 조간대 종들이 사라졌다. 뿐만 아니라 재첩과 바지락을 비롯한 식용 패류는 하구의 전 수역에 걸쳐 사라졌거나 하구언 완공 이전에 비해 개체수가 현저히 감소하였다. 담수종인 동남참게는 낙동강 전 수역과 인접 하천에서도 완전히 사라진 것으로 보고되었다.

불행하게도 이러한 시행 착오는 서해안 개발 사업과 관련하여 금강 하구의 군장 산업 기지와 새만금 지구, 그리고 영산강 등에서도 똑같은 방법으로 진행되고 있다. 또 섬진강 하구에 위치하는 광양만은 여천 공단과 광양 제철 공업 단지, 주변 간석지의 매립 등으로 인한 서식처 파괴와 해양 오염으로 몸살을 앓고 있으며 이미 환경부에서도 특별 관리 해역으로 지정하여 해역 이용 행위를 규제하고 있다.

한국의 대표적 습지, 갯벌

습지란 영구적으로 습한 곳과 영구적으로 건조한 환경 사이의 이행대를 점유하는 곳이다. 따라서 습지는 이 두 환경의 특성을 공유하기 때문에 육상 생태계와 수중 생태계를 연결하는 고리인 동시에 생물 다양성의 보고이다. 또 오염 물질의 정화 기능을 가지고 있어 오늘날 지구상에서 가장 중요한 생태계 가운데 하나로 인식되고 있다.

또한 습지는 열대 우림이나 산호조에 비교할 수 있을 정도로 지구상에서 생산성이 가장 높은 생태계이다. 미생물, 식물, 곤충류, 양서류, 파충류, 새, 어류, 포유류에 이르기까지 '생물들의 수퍼마켓'이라고 할 정도로 다양한 생물들을 수용하는 생태계이다.

현재 우리나라 내륙의 주요 습지 면적은 대략 111제곱킬로미터 정도로 추산된다. 예로부터 해안 습지의 많은 부분이 염전이나 농토로 간척되거나 매립되었으며 때로는 모기나 파리 등이 들끓고 악취가 나기 때문에 버려진 땅, 제거하여야 하는 곳으로 인식되었다. 미국에서도 이러한 부정적 인식 때문에 거의 절반 이상이 이미 파괴되었다. 갈대나 칠면초 등의 염생식물로 구성되어 있던 염습지 식생은 간척과 매립에 있어서 가장 각광받는 일차적인 개발 대상 지역이 되면서 이제 거의 자취를 감추었다.

그러나 최근에는 과학의 발달로 습지의 생태학적인 과정이 밝혀지면서 습지에 대한 부정적인 인식이 바뀌었고 오히려 잘 보존하여야 하는 귀중한 자연이라는 것을 깨닫게 되었다. 선진국에서는 이러한 서식처를 보존하기 위하여 여러 가지 규제를 만들었고, 우리 인간이 생태계의 한 구성원으로 다양한 생물들과 더불어 살아가기 위한 생물 다양성 국가 전략을 마련하여 놓고 있다.

　　우리나라는 1997년 3월 습지 보호에 관한 국제적 협약인 람사협약에 가입하였고, 자연 생태계 보존 지역으로 지정되어 있는 대암산 용늪과 경남 창녕의 우포늪을 협약 등록 습지로 지정하는 등 습지 보존을 위한 국제적인 노력에 동참하고 있다.

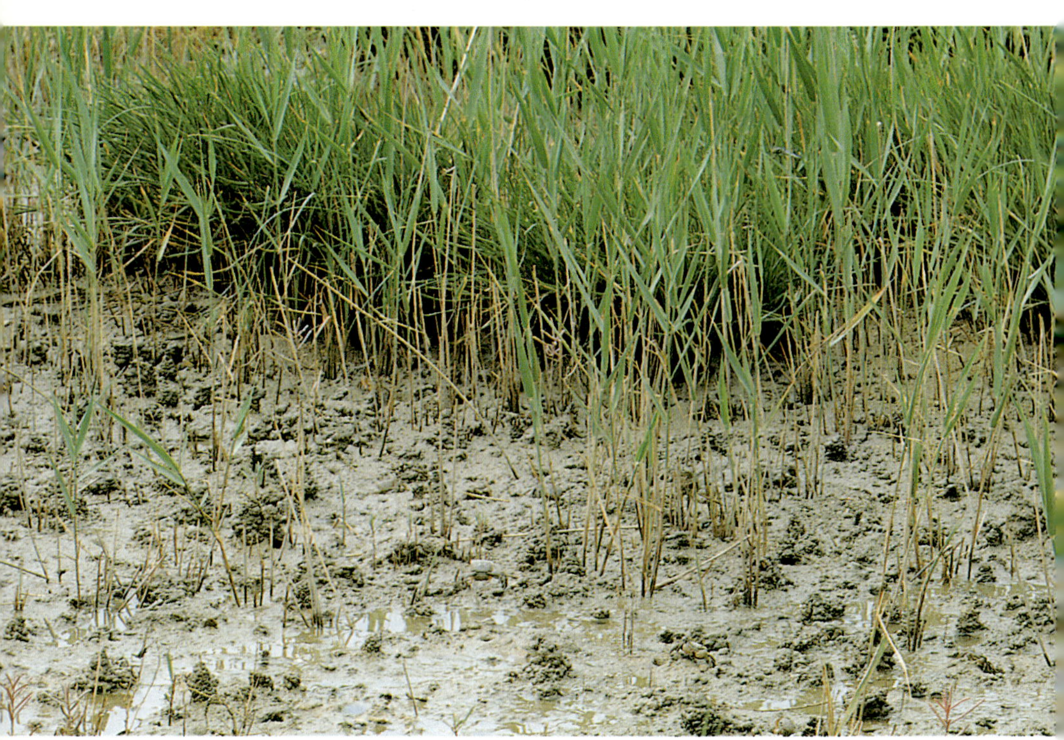

동검도의 습지　갈대나 칠면초 등의 염생식물로 구성된 염습지 식생은 간척과 매립에 있어서 가장 각광받는 일차적인 개발 대상 지역이 되면서 이제 거의 자취를 감추었다.

우리나라의 해안 습지는 규모는 물론 생태학적으로도 매우 중요하며 습지가 우리에게 주는 여러 가지 혜택으로 보아도 내륙 습지와는 비교가 되지 않을 정도이다. 이렇듯 해안 습지는 해양 생태계의 시발이 되며 생물학적인 순환 기능이 탁월하여 인체의 콩팥에 비유된다. 따라서 이제는 갈대숲을 포함하는 갯벌 생태계를 보존하기 위하여 정부가 앞장서서 우리나라 주요 갯벌을 람사협약에 등록시키고 사라져 가는 갯벌을 되살리기 위한 가시적인 조치를 취하여야 한다.

개발에 멍드는 갯벌

갯벌은 그 시형적인 득성상 평탄하고 드넓게 펼쳐져 있고 강의 히구에 위치하면서도 도시에 인접하여 매립과 간척으로 계속해서 소실되었다. 한강의 하구역에 위치하는 예전의 강화도가 그렇고, 인전의 송노 갯벌과 시화 지구 등은 과거에는 광대한 갯벌이 발달하였으나 현재는 대부분 콘크리트 호안으로 대치되었다. 또 펄갯벌로는 최대 규모였던 충남의 현대 간척지 서산 A, B 지구와 인천 경서동의 이른바 동아 매립지는 농업 용지로 간척되었으나 언제, 어느 때 다른 용도로 바뀔지 모르는 곳이다.

매립과 준설은 서식처 파괴의 전형

갯벌을 매립하면 매립한 면적만큼 갯벌 생물의 서식처는 파괴된다. 그렇게 되면 갯벌 생태계에 서식하는 각종 해양 생물들이 사라지고 수산 생물의 산란장, 보육장, 어획의 장으로서 기능과 부영양화와 유기물 오염 방지의 기능이 상실되며 기타 심미적 관점에서 인간에게 주는 이익 등 수많은 갯벌의 기능이 사라진다. 뿐만 아니라 이곳의 구성원들과 직간접으로 관계를 가지고 있던 주변 생태계는 물론 인간도 그 영향을 받게 된다.

특히 최근에 시행되는 대부분의 매립과 간척은 선박의 항로를 만든다는 명분으로 주변 조하대의 개펄을 준설(浚渫)하고 그 준설토를 다시 매립토로 이용하고 있어 인근의 연안 조하대 생태계마저 파괴하고 있다. 준설한 지역에서는 매립과 똑같이 그만큼의 서식처 면적이 파괴되기 때문에 준설 지역의 생물 군집이나 개체군이 다시 회복되려면 많은 시간이 필요하다.

준설에 의한 서식처의 파괴는 주변 육상부의 산을 깎아 매립토로 사용하는 경우보다 잃는 것이 더 많다. 왜냐하면 조하대의 연안 생태계는 먼바다 생태계가 정상적 기능을 유지하기 위한 기본적인 역할 외에도 우리에게 수산물을 공급하고, 가까운 갯벌 생태계 고유의 기능을 위한 생태학적 고리 역할을 수행하기 때문이다. 연근해 생태계의 보리새우나 대하, 꽃게 외에도 우리들 식탁에 오르내리는 수많은 물고기들 가운데 생활사의 어느 단계에서 갯벌에 잠시 머물다 오는 통과객이 많다는 것은 잘 알려진 사실이다. 따라서 이들의 서식처가 파괴되면 그 종족을 유지할 수 없으며 결국 어획은 감소하고 그 종은 멸종하게 된다.

준설은 또 준설 당시 물의 탁도(濁度)를 수반한다. 탁한 물은 일차적으로 태양광의 투과를 저해하여 1차 생산력을 저하시킬 뿐만 아니라 해저에 사는 부유물식자의 여과 기관을 막아 질식케 하여 해저 생물의 대량 폐사를 유발하기도 한다.

생태계의 단편화를 초래하는 연안 매립

서해안에서는 거대한 규모의 연속된 서식처인 갯벌 생태계가 매립과 간척으로 여러 개의 작고 고립된 조각으로 나누어져 단편화(斷片化) 되고 있다.

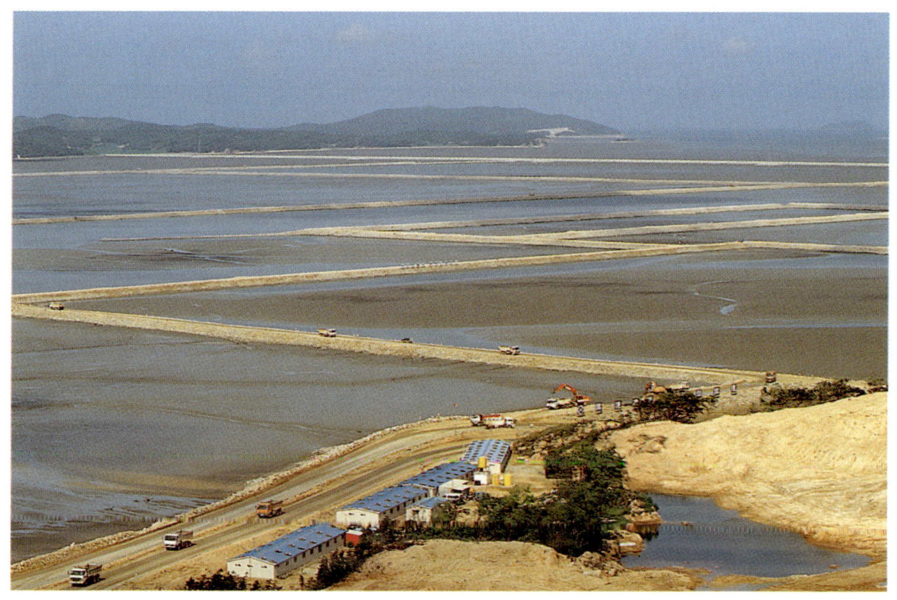

영종도 신공항 건설 현장 서해안에서는 거대한 규모의 연속된 서식처인 갯벌 생태계가 매립과 간척으로 여러 개의 작고 고립된 조각으로 나누어져 단편화되고 있다.

고려시대 이후 오늘에 이르기까지 국토를 확장하여 산업화와 도시화에 따른 토지 수요를 창출한다는 미명 아래 엄청난 규모의 갯벌이 파괴되었으며 이제는 그 본래의 모습을 찾아볼 수 있는 곳이 매우 드물게 되었다.

매립과 간척으로 조각난 서식처는 격리되어 종의 이입 속도가 줄어들고 결국 종수는 감소하여 생물학적 다양성이 감소하게 된다. 단편화된 갯벌 생태계는 주위가 본래와는 다른 이질적인 생태계로 둘러싸여 이웃하던 생태계의 구성원과 장구한 시간을 두고 이루어 왔던 먹이 사슬이나 생물학적 상호 관계가 균형을 잃고 결국 멸종한다.

종의 이동이나 행동권의 규모와 정도는 종의 생활사적 특성에 따라

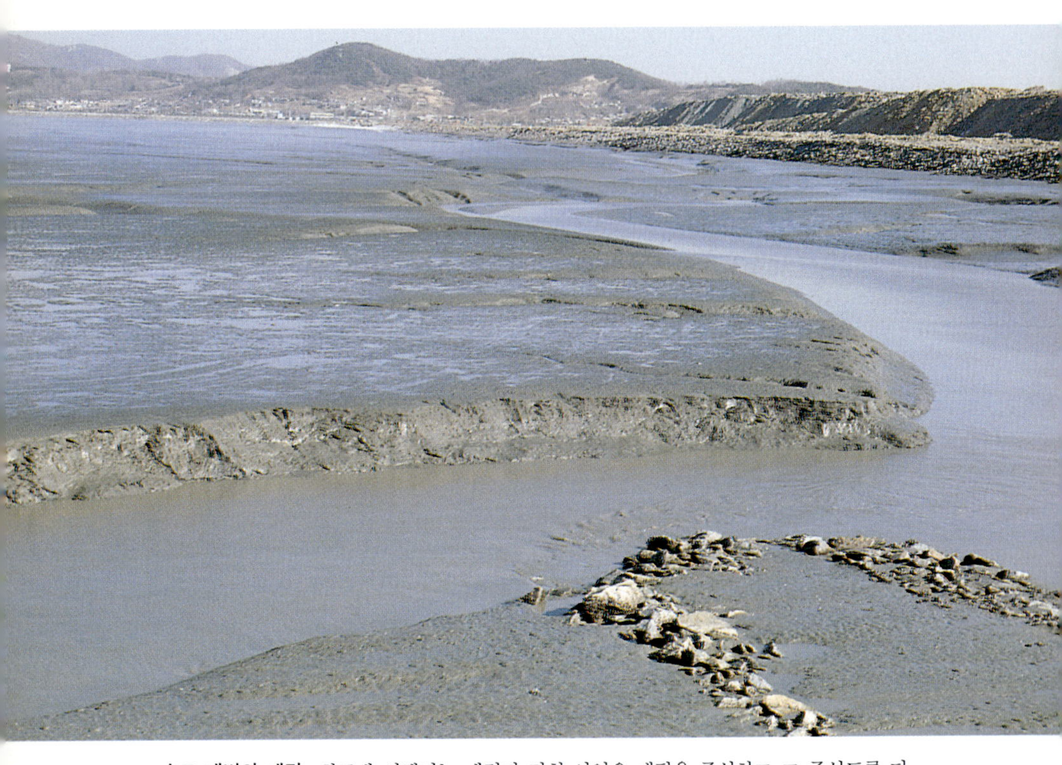

송도 갯벌의 매립 최근에 시행되는 매립과 간척 사업은 개펄을 준설하고 그 준설토를 다시 매립토로 이용하고 있어 인근의 연안 조하대 생태계마저 파괴하고 있다.

달라지므로 현재로서는 갯벌 생물의 종 조성과 서식 종의 생태적인 특성을 파악하는 일이 무엇보다 중요하다. 이를 바탕으로 종별 또는 군집별 생태 특성을 고려하여 서식처로서의 갯벌을 국가적인 차원에서 보존하고 관리하는 일이 시급하다.

갯벌의 보존을 위하여

　생태계의 기능에 대한 과학적 지식이 없었던 시대에 대부분의 사람들은 갯벌을 황무지로 여겼다. 이러한 생각은 최근까지도 이어져 갯벌을 당장의 개발만을 위하여 매립, 준설 등을 통해 다른 용지로 바꿔도 되는 곳으로 여기거나 도시 오염 물질의 야적장으로 여기는 사람들이 아직도 많이 있다.

　최근 외국에서는 수산 자원과 환경 보존 그리고 기타 문화적 가치 등을 고려하여 갯벌의 경제적 가치를 계산하였다. 그 결과 갯벌의 경제적 가치는 농경지에 비해 100배, 외해역에 비해 거의 40배나 된다고 한다. 이는 지금까지 국토 확장을 위하여 갯벌을 흙으로 메우기에 급급하였던 우리에게 경종을 울리는 사실이다.

　이처럼 갯벌 생태계는 중요한 역할을 수행하지만 아직까지도 갯벌의 생물 다양성은 물론 생물 군집의 구조, 생태계의 기능, 부영양화와 적조로 이어지는 오염 문제에 이르기까지 체계적이고도 구체적인 연구가 거의 전무한 실정이다. 그러나 이제는 갯벌 생태계의 보존을 위한 연구와 대책 마련을 더 이상 미루어서는 안 된다.

　오염된 호수만 남은 시화 지구 개발에서 보았듯이 대규모 간척은 당

초의 목적을 달성하지도 못한 채 생태계 파괴만을 초래하였다. 33킬로미터의 방조제를 쌓아 여의도의 140배나 되는 1억 2천만 평의 토지를 확보하고 담수호와 첨단 영농 단지를 조성하기 위하여 진행중인 새만금 간척 사업도 그 규모에 걸맞게 시화호보다 훨씬 심각한 환경 재앙을 초래할 것이라는 우려가 제기되고 있다.

선진국에서는 연안역을 보존하고 오히려 복원하는 추세이지만 우리나라에서는 연안역 보존의 중요성을 아직도 충분히 인식하지 못하고 있으며 연안역을 적절히 관리, 보존할 수 있는 제도적 장치조차 없는 것이 오늘의 현실이다. 따라서 이제는 단순히 경제적 논리만으로 갯벌을 단기적으로 이용하려 하기보다는 돈으로 계산할 수 없는 문화적 가치와 장기적 이익을 고려하여 보존 위주의 습지보전법이나 연안역관리법 등을 제정하여야 한다. 이를 계기로 갯벌의 무분별한 개발을 막고 훼손된 환경을 복원하기 위한 근본적인 대책을 세워 나가야 할 것이다.

그리고 무엇보다 시급한 일은 우리나라 모든 연안의 갯벌에 대해 전문 학자들이 생태학적인 연구를 수행하고 그 결과를 바탕으로 그나마 잘 보존되고 있는 일부 갯벌을 보존 위주의 국립공원이나 자연 생태계 보존 지역으로 또는 람사협약 등록 습지로 지정하는 등의 조치를 취하는 것이다.

이러한 갯벌의 보존 운동은 단순히 갯벌의 특정 생물을 보호하는 차원의 자연 보호 운동이 아니라 자연과 인간이 조화를 이루는 속에서 우리의 생명을 지켜 나가기 위한 '생태 운동'으로 발전하여야 한다. 더불어 우리 후손에게 길이 물려줄 자연 유산인 갯벌에 매립과 준설을 계속하고 공장 폐수와 생활 하수 등을 쉽게 버려도 되는 장소로 생각하는 일부 몰지각한 공장주나 일반인들의 사고 방식도 바뀌어야 한다. 환경을 보존하고 지키는 일은 결국 우리 국민 모두의 몫이기 때문이다.

참고 문헌

고철환 외, 『해양생물학』, 서울대출판부, 1997.

권혁재, 『지형학』, 법문사, 1997.

김학균 외, 『한국 연안의 적조』, 국립수산진흥원, 1997.

김훈수, 『한국동식물도감 - 동물편(집게 · 게류)』, 문교부, 1973.

백의인, 『한국동식물도감 - 동물편(갯지렁이류)』, 문교부, 1989.

원병오, 『한국동식물도감 - 동물편(조류생태)』, 문교부, 1981.

윤무부, 『한국의 철새』, 대원사, 1990.

윤성규 · 홍재상, 『해양생물학 - 저서생물편』, 아카데미서적, 1995.

홍재상, 『바다, 그 환경과 생물』, 전파과학사, 1983.

농어촌진흥공사, 『한국의 간척』, 1996.

해양수산부, 『우리나라의 갯벌』, 1998.

Brown, A.C. and A. McLachlan, *Ecology of Sandy Shores*, Elsevier, 1994.

Gray, J.S., *The Ecology of Marine Sediments*, Cambridge University Press, 1981.

Levinton, J.S., *Marine Ecology*, Prentice Hall, 1982.

McLusky, D.S., *The Estuarine Ecosystem*, Blackie, 1989.

Nybakken, J.W., *Marine Biology — An Ecological Approach*, Harper Collins, 1993.

Peterson, C.H., *Intertidal Zonation of Marine Invetebrates in Sand and Mud*, American Scientist, Vol. 79: 236~249, 1991.

Reise, K., *Tidal Flat Ecology — An Experimental Approach to Species Interactions*, Springer — Verlag, 1985.

Teal, J. & M., *Life and Death of the Salt Marshes*, Ballantine Books, New York, 1969.

빛깔있는 책들 301-36

한국의 갯벌

글	―홍재상
사진	―홍재상
발행인	―장세우
발행처	―주식회사 대원사
편집	―박수진, 김분하, 연인숙
	권효정, 김수영
미술	―김명준, 김지연
총무	―이훈, 이규헌, 정광진
영업	―김기태, 이승욱, 문제훈,
	강미영, 이재수
이사	―이명훈

첫판 1쇄 ―1998년 8월 5일 발행
첫판 5쇄 ―2005년 9월 30일 발행

주식회사 대원사
우편번호/140-901
서울 용산구 후암동 358-17
전화번호/(02) 757-6717~9
팩시밀리/(02) 775-8043
등록번호/제 3-191호
http://www.daewonsa.co.kr

이 책에 실린 글과 그림은, 저자와 주
식회사 대원사의 동의가 없이는 아무
도 이용하실 수 없습니다.

잘못된 책은 책방에서 바꿔 드립니다.

값 13,000원

Daewonsa Publishing Co., Ltd.
Printed in Korea(1998)

ISBN 89-369-0218-0 00470